KB051056

최준식 교수의
서울문화지

V

경복궁 이야기

최준식 지음

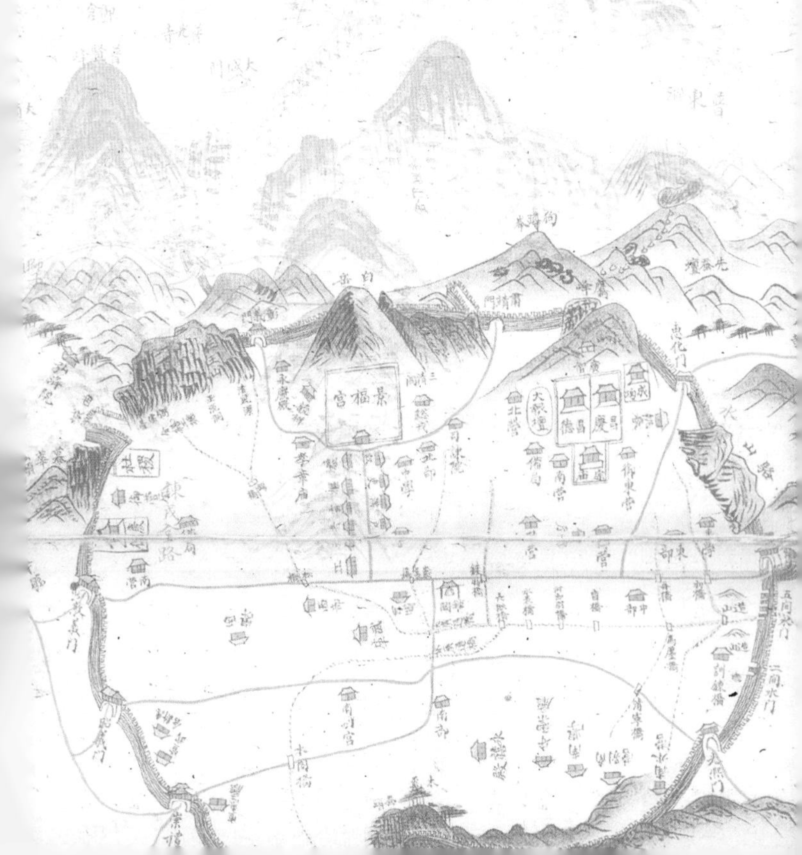

최준식 교수의 서울문화지

V

경복궁 이야기

최준식 지음

목차

최준식 교수의

서울문화지

V

경복궁 이야기

서설

한국 문화 공부는 경복궁으로 시작! 나는 내가 운영하는 "한국문화중심"이라는 공간에서 사진에서 보는 것처럼 경복궁을 매일 내려다본다. 서울 시내에 경복궁을 이렇게 볼 수 있는 곳은 흔치 않다. 게다가 경복궁의 동쪽 초소라 할 수 있는 동십자각은 사진에서 보는 대로 바로 코앞에 있다. 밤에 불이 켜지면 동십자각은 동화 속에 나오는 환상의 건물로 바뀐다. 또 경복궁이 야간 개장이라도 할라치면 은은한 불빛에 휩싸인 근정전이 멀리서 자태를 뽐낸다. 이런 경복궁을 보면서 나는 이 명소를 빨리 글로 소개하고 싶었다.

한국문화중심에서 본 경복궁 원경

동십자각 야경

그동안 이곳에서 7년 이상을 있으면서 나는 경복궁 안과 그 주위를 숱하게 돌아다녔다. 사람들에게 궁을 안내한 적도 많았고 북촌이나 서촌을 위시해 궁 주변을 보여준 적도 한두 번이 아니었다. 나도 초기에는 그랬지만 사람들은 경복궁을 다소 쉽게 생각하는 것 같다. 창덕궁처럼 세계유산도 아니고 궁 안에 있는 건물들도 대부분 최근에 세워진 것들이라 경복궁이 그다지 중요한 유적이 아니라고 생각하는 것 같다는 것이다. 이 같은 입장은 충분히 이해할 수 있다. 게다가 궁 안에는 주차장이 있어 그 큰 관광버스들이 벌벌 기어 다니고 있고 또 그 위쪽에는 신원 불명의 건축으로 구성되어 있는 국립민속박물관이 있다. 궁 안에 이렇게 어이없는 것들이 상존하고 있으니 궁의 격이 서지 않는다고 생각한 것이리라.

그리고 궁에 들어간들 건물뿐이라 다 돌아본 뒤에도 무언가 남는 것이 없다고 생각한다. 실제로 경복궁의 답사 코스가 그렇게 보인다. 표를 내고 들어가면 영제교를 건너 근정문을 통과해 조정(朝廷)의 영역으로 들어간다. 그곳서는 문무인석이 있는 가운데를 가로 질러 곧장 근정전으로 향한다. 조정 광장에는 항상 수많은 사람들이 북적거리는데 그 사람들을 뚫고 근정전으로 간다. 그런 다음 그 안을 살짝 들여다보고 곧 뒤편으로 가면 사정전이다. 그 사이에 경회루를 잠깐 보러 갈 수도 있는데 경회루도 한 '켠'에서 슬쩍 보면 그것으로 끝이지 연못을 한 바퀴 돌아보는 적은 없다. 경회루를 배경으로 사진 한 장 찍으면 그곳도 그걸로 끝이다.

다시 사정전으로 돌아오면 그곳부터는 건물의 연속이다. 사정전 뒤로는 건물들이 일자로 늘어서 있다. 이곳에서는 강녕전으로 시작하여 교태전, 자경전까지 계속해서 별 특징 없는 건물들만 본다. 특히 강녕전과 교태전은 1990년대에 지은 거라 완전히 새 건물이다. 그래서 옛 향취가 나지 않는다. 이 같은 건물 답사가 끝나면 잠깐 한 숨을 돌리고 향원지로 향한다. 그런데 그곳에 가봐야 이 연못의 주인공인 향원정은 연못의 한 가운데에 있어 가볼 수 도 없다. 그래서 오래 보지 못하고 사진 한 장 찍는 것으로 끝낸다. 그사이 발은 어느새 건청궁으로 향한다. 여기서 단골 이야기로 민황후의 암살 소식을 접하면 대체로 그날 답사는 끝이 난다.

이렇게 보았으니 경복궁을 다 보고도 남는 것이 없다고 하는 것이다. 또 같은 이유로 경복궁은 볼 게 없다고 생각하는 것이다. 나도 이곳에 상주하면서 매일 경복궁을 접하기 전에는 그렇게 생각했다. 그러나 자주 이 궁을 접하고 본격적으로, 또 심층적으로 이 궁에 대해 공부하면서 내 생각은 완전히 달라졌다. 한국의 문화와 역사에 대한 공부를 시작하려면 바로 이 경복궁을 그 첫 번째 주인공으로 해야 한다는 것으로 바뀐 것이다.

경복궁은 왜 소중한 유적일까? 그렇게 오랫동안 경복궁을 접해 보니 경복궁은 역시 조선의 정궁다웠다. 그 이유는 간단하다. 조선의 문화와 역사가 깃들어 있기 때문이다. 이 궁을 면밀히 관찰하면 조선의 역사는 물론이고 일제기를 거쳐 극히 최근의 역사까지 모두 훑을 수 있다. 그 뿐만이 아니다. 조선 사람들이 신봉했던 역사관도 알 수 있다. 그런가 하면 이 궁을 통해 우리는 조선 사람들이 지녔던 자연관이나 예술관 등에 대해서도 체험할 수 있다. 이 궁을 세울 때 당시 사람들이 어떤 생각을 갖고 궁의 건물이나 정원을 주위의 자연과 조율했는지 알 수 있다는 것이다.

이처럼 경복궁은 인문학적인 면에서 살펴볼 것이 많지만 그 외에도 이 궁에는 아름다운 곳이 많다. 나는 평소에 조선의 궁궐 가운데 아름다운 궁은 창덕궁뿐이라고 생각한 나머지 이 경복궁에는 그런 데가 별로 없으리라고 여겼는데 그것은 완전한 오해였다. 이제 와서, 다시 말해 경복궁과 창덕궁을 같이 연구해 본 지금 이 두 궁궐을 비교한다면 창덕궁보다 외려 경복궁에 아름다운 곳이 더 많다고 생각한다. 그렇다고 창덕궁이 아름답지 않다는 것은 아니다. 창덕궁의 후원은 남다른 데가 있다. 그러나 경복궁은 다른 어떤 궁도 갖지 못한 대단한 요소를 갖고 있어 창덕궁을 비롯한 다른 궁의 추종을 불허한다. 그 요소는 다름 아닌 경복궁을 둘러싸고 있는 자연이다. 경복궁은 이 자연 때문에 경광이 빼어난 궁이 되었다. 이 점은 대단히 중요하기 때문에 본설에서 가장 먼저 다루게 될 것이다.

이런 등등의 이유 때문에 한국의 문화와 역사를 공부하려 할 때 이 경복궁을 먼저 보아야 한다고 한 것인데 그 외에도 이 궁을 우선해서 보아야 하는 이유가 또 있다. 다 아는 사실이기는 하지만 다시 상기하면, 이 경복궁은 조선의 정궁이라는 것이다. 경복궁은 정궁, 즉 법궁인 관계로 법도에 맞게 정식으로 지었고 가장 화려하게 지었다. 또 규모도 대단하다. 따라서 한국, 특히 조선의 문화와 역사를 공부하려면 이 궁에 대한 공부로 시작하는 것이 맞다. 이 궁을 먼저 공부해야 창덕궁이나 기타 궁을 볼 때 비교를 할 수 있다. 경복궁이 일종의 '준거의 틀'이 되는 것이다. 다른 궁을 볼 때에 경복궁은 기준과 같은 것이 되어 그 궁들을 이해하는 데에 큰 도움을 준다. 잘 알려진 것처럼 창덕궁이나 창경궁, 덕수궁 등은 궁궐의 법도대로 지어지지 않고 한국(조선)식으로 변형되어 건설되었다. 따라서 이러한 변형이 일어나기 전의 궁, 즉 궁의 원 모습이 어떠한가를 아는 것은 중요한 일일 것이다. 우리는 이 모습을 바로 경복궁에서 발견할 수 있다.

경복궁의 진정한 가치는? 경복궁의 가치는 예서 그치는 게 아니다. 한국인들은 이 경복궁의 가치를 잘 모르는 것 같다. 경복궁이 항상 그 자리에 있고 그것을 노상 보니 이 궁이 왜 귀중한지 모르는 것이다. 그러나 한 번 이 궁이 없다고 생각해보자. 이 궁뿐만 아니라 창덕궁 등 다른 궁궐들도 모두 사라졌다고 생각해보자. 만일 그렇게 된다면 서울은 그야말로 역사가 없는 도시로 바뀔 것이다. 새로 만

일제강점기에 촬영한 경복궁 전경(국립중앙박물관 제공)

1960년대에 경복궁 조정에서 벌어진 한국전쟁에 참여한 16개국의 행사 모습(서울역사박물관 제공)

든 신흥도시로밖에는 보이지 않을 것이라는 것이다. 그럴 수밖에 없는 것이 그렇게 되면 이 서울에 남는 것은 현대 한국인들이 만든 시멘트 건물밖에 없기 때문이다.

이 점은 외국인들이 이미 많이 지적해온 바이다. 그들 가운데 한국 문화에 비판적인 눈을 가진 이들은 이렇게 말한다. 서울이 600년 고도라고 해서 많은 기대를 갖고 왔는데 고궁이 있어서 그나마 공감을 하지 서울의 다른 부분에서는 그런 역사를 느끼지 못했다고 말이다. 그래서 그들은 경복궁과 창덕궁 정도만 보고 가게 되는 경우가 많다. 그러니까 경복궁을 위시한 우리의 고궁은 서울이 600년 고도가 되기 위한 최소한의 체면치레를 해주고 있는 것이다. 그러니 이 궁들이 우리 곁에 있다는 것이 얼마나 고마운 것인가?

이 궁이 소중할 수밖에 없는 또 하나의 이유는 다른 데에서도 찾을 수 있다. 이것은 외국인 아닌 외국인(?)에게서 나온 이야기이다. 북한 사람들이 그들이다. 언제인지 모르지만 나는 북한 사람들이 조선의 궁이 모두 서울에 있는 것을 매우 부러워한다는 이야기를 들었다. 지금 궁궐이 남아 있는 과거 왕조는 조선밖에 없다. 그런데 그 조선의 수도가 서울(한양)이니 과거 왕조의 궁궐은 서울밖에 없는 것이 된다. 북한의 경우를 보면 고구려의 수도인 평양은 역사가 너무 오래되기도 했지만 6.25 때 폭격을 받아 옛 것은 남은 것이 거의 없다. 사정은 고려의 수도였던 개성도 마찬가지다. 그곳도 과거 왕조의 유적은 남은 것이 거의 없다. 이런 상황이기 때문에 서울만 과거 왕조를 느낄 수 있는 도시가 된 것이다. 그 덕에 남한 사람들은 이 궁궐을 가지고 자신들도 즐기고 후세들을 교육시키며 외국인들에게는 관광자원으로 이용하는 등 귀중한 자원으로 활용하고 있다. 그러니 북한 사람들은 이런 궁궐을 갖고 있는 남한 사람들이 얼마나 부럽겠는가? 또 남한에는 신라의 고도인 경주도 있다. 경주에는 궁궐은 남아 있지 않지만 얼마나 많은 불교 유적이 있는가?

이렇게 보면 역사문화적으로 남한은 북한보다 월등한 위치에 있는 것을 알 수 있다. 서울에 있는 궁궐은 이와 같은 다양한 이유에서 우리에게는 엄청난 자산이다. 그런데 우리는 이 궁궐들이 너무도 가까운 데에 있기 때문에 그 가치를 제대로 모르고 있다. 그 가치를 제대로 모르고 있으니 궁궐을 깊게 이해하려고 하지 않는다. 이 생각이 틀렸다는 것은 이 책을 읽어보면 저절로 알게 될 것이다.

이 책은 바로 그런 목적아래 쓰인 것이다. 우리를 알고 싶다면, 또 한국 문화를 알고 싶다면 무엇보다도 경복궁을 제대로 이해해야 한다는 의견에 동의하는 사람들을 위해 쓰인 책이라는 것이다. 나는 이 책에서 가능한 한 이곳에 살았던 사람들의 입장에서 경복궁을 대하려고 한다. 다시 말해 그 사람들에게 경복궁은 과연 어떤 의미가 있었느냐는 것에 초점을 맞추어 쓰겠다는 것이다. 이것은 너무 이론적이거나 외양적인 것에 치우쳐 쓰지 않겠다는 것이다. 그런 것들을 세세하게 다 쓰려면 책이 너무 길어질 수 있다. 또 일반 독자들에게 그 같은 이론적인 설명은 버거울 수 있다. 예를 들어 건물을 볼 때에 '정면이 몇 칸이니 지붕이 우진각이니' 하는 이론적인 설명은 각 건물을 이해하려 할 때 그다지 살아 있는 정보가 되지 못한다. 이런 설명들은 전화기를 두들기면 곧 얻을 수 있으니 여기서까지 반복할 필요는 없을 것이다.

지금까지 나온 경복궁 관련 책 가운데 가장 자세한 것은 아마 임석재 교수가 쓴 『예로 지은 경복궁』(인물과 사상사, 2015)일 것이다. 이 책은 850쪽이 넘는 방대한 연구서다. 경복궁을 전문적으로 알고 싶은 사람은 이런 책들을 보면 된다. 그러나 일반 독자들은 그런 방대하고 심오한 책을 볼 여력도, 시간도 없다. 나는 이런 훌륭한 연구를 바탕으로 가장 핵심이 될 만한 내용만 골라 쉬운 문체로 경복궁을 소개하려 한다.

답사 전에 알아야 할 것들

이제부터 경복궁 답사에 들어갈 터인데 그 전에 경복궁의 역사를 간략하게라도 살펴보는 것이 좋겠다. 경복궁의 과거에 대해서는 꽤 잘 알려져 있어 소상하게 볼 필요를 느끼지 못한다. 그런가 하면 건물마다 역사가 다 다르기 때문에 그에 대한 것들을 일일이 다루기가 힘들다. 그래서 각 건물에 대한 것은 그 건물을 다룰 때 보면 좋겠다.

경복궁을 생각하면 우선 '경복'이라는 이름의 뜻부터 궁금해진다. 이 이름은 잘 알려진 것처럼 『시경』의 문구에서 따왔다고 한다. 그런데 그 문구가 다소 난해하게 보여 여기서는 소개하지 않겠다. 독자들은 복잡하게 생각할 것 없이 단어 그대로 '경사스럽고 복됨' 정도로 이해하면 되겠다. 아니면 왕조의 큰 덕을 비는 것이라고 생각해도 좋겠다. 이 경복궁의 이름을 접할 때 마다 연동되어 생각나는 것은 이 궁의 영어 이름이다. 요즘은 그냥 'Gyeongbokgung Palace'라고 하는데 이렇게 써놓으면 외국인들은 매우 생경하게 느낄 것이다. 그 이름의 뜻이 전혀 들어오지 않기 때문이다. 독자들의 이해를 돕기 위해 한 가지 예를 들어보자.

가장 비근한 예로 북경의 자금성을 들 수 있다. 이 궁의 이름은 한자로 '紫禁城'이다. 이렇게 써놓고 영어로 'Zijincheng Palace'로 써놓았다고 생각해보라. 이 영어 이름이 얼마나 어색한가? 발음하는 것조차 힘들다. 또 이 이름만 보아서는 도대체 무슨 뜻인지 전혀 알 수 없다. 그래서 영어권 외국인들은 진즉에 자금성을 글자 그대로 번역해 'The Forbidden City'라는 멋진 이름을 만들어냈다. 자금성 중에 '금성'만을 뽑아 번역한 것이다.[1] 그래서 자금성은 이 이름 덕에 외국인들이 친숙하게 다가갈 수 있었다. 외국인들이 경복궁을 쉽게 접근하려면 이런 별칭이 있어야 한다. 그런데 이런 별칭은 한국 문화에 정통한 원어민만이 만들 수 있는 것이라 여기서 원어민이 아닌 나는 의견을 제시할 수 없다. 그럴 때가 올 것을 고대하면서 이름 이야기는 이 정도 하고 궁의 역사에 대해서 잠시 살펴보자.

경복궁 약사(略史) 비록 작은 규모지만 경복궁의 초기 형태가 완성된 것은 이성계가 왕이 된 직후인 1394년의 일이었다. 이때에 만들어진 건물의 규모는 약 400칸에 불과했다. 당시 건설된 건물은 근정전 일원과 강녕전 일원, 그

1) 이때 城은 영어로 fortress가 아니라 city라고 하는 게 더 나은 번역이다.

리고 집무를 볼 수 있는 건물 정도였다고 하는데 이것은 조선말에 대원군이 재건한 규모에 비하면 아주 작은 규모라 할 수 있다. 잘 알려진 것처럼 대원군은 19세기 중반에 실추된 왕권을 재건하고자 무리해가면서까지 경복궁을 다시 세웠다. 이때의 재건된 규모가 7천 칸을 훨씬 넘으니 초기의 것과 비교해볼 때 얼마나 큰 궁전을 만들었는지 알 수 있다.

규모가 이렇게 작게 시작된 것은 당연한 일인지 모른다. 당시에 이성계는 새로운 수도를 만들어야 했는데 그러려면 돈과 시간이 많이 필요했을 것이다. 사정이 그러하니 건국의 초기에 큰 규모의 건설 공사를 시작하는 것은 쉽지 않았을 것이다. 게다가 이때 해야 할 일이 경복궁만 건설하는 것으로 끝나는 것이 아니다. 성벽도 새로 쌓아야 하고 종묘나 사직단 등도 같이 만들어야 하는 등 건설할 것들이 차고 넘쳤을 것이다. 따라서 경복궁이 아무리 정궁이라 할지라도 처음부터 크게 만드는 일은 용이하지 않았을 것이다.

이 초기 공사가 끝난 뒤에 조선 왕실은 계속해서 궁을 증축해갔다. 예를 들어 대표적인 왕실 원림인 경회루 일원이 태종대인 1412년에 만들어진 것이 그것이다. 우리가 아무 생각 없이 경복궁에 와서 보면 이 경회루 영역이나 향원지 영역 같은 멋진 연못 정원들이 처음부터 있었을 것이라고 생각하기 쉽다. 그러나 사실은 그렇지 않다. 이것들은 하나하나 필요에 따라 증축되었다. 향원지와 향원정은 뒤에 자세하게 보겠지만 고종 대에 건천궁을 만들 때 만들어진 것이니 그 건설 연대가 아주 후대인 것을 알 수 있다. 이처럼 경복궁은 오랜 시간 동안 복잡한 과정을 거쳐 전체 모습이 만들어졌다.

이것은 개개 건물들의 경우도 마찬가지인데 이 건물들은 역사가 상당히 복잡하다. 각 건물들은 연이은 화재와 재건축으로 그 역사가 꽤 복잡하게 전개되어 자세한 정황은 다 알기가 힘들다. 그런데 우리는 그런 것들을 소상하게 알 필요를 느끼지 못한다. 경복궁이 한 번 크게 정리(?)되기 때문이다. 경복궁과 관련해 가장 큰 사건은 말할 것도 없이 임진왜란 때 전소된 것이다. 그 뒤로 270여 년 동안 궁은 폐허로 남아 있었고 그것이 복원된 것은 앞에서 말한 대로 19세기 중반인 1867년의 일이었다. 경복궁의 역사는 이 뒤에 새롭게 전개되기 때문에 이때부터만 보면 된다. 그러나 이 뒤도 그리 자세하게 볼 것이 없다. 경복궁은 일제 때 다시 한 번 완전히 궤멸되기 때문이다. 그 때문에 근정전이나 사정전, 경회루 같은 주 건물을 제외하고 다른 건물들은 역사라고 볼 것을 그리 가지고 있지 않다. 대부분 극히 최근에 복원된 건물이기 때문이다.

경복궁이 복원되고 그 다음해인 1868년 고종은 창덕궁에서 경복궁으로 이어한다. 그런데 그 뒤에 큰 화재가 나 고종은 다시 창덕궁을 갔다 오는데 이 과정은 뒤에서 설명할 예정이다. 그 뒤에 고종은 건청궁에 살게 되는데 그것도 잠시뿐이었다. 1896년 고종이 그 유명한 아관파천을 단행하면서 그 뒤로 조선의 왕은 더 이상 경복궁에서 살지 않게 된다. 그 뒤의 역사는 앞에서 말한 것처럼 일제에 의한 철저한 경복궁의 궤멸로 점철되어 있다.

경복궁의 완전 궤멸과 복원 과정에 대해 일제는 1910년에 조선을 강제 병합한 뒤 1915년에 박람회 성격을 지닌 '조선물산공진회'라는 행사를 경복궁에서 열었는데 이때 경복궁은 만신창이가 되었다. 궁에 있던 기존의 건물들을 다 뜯어내고 거기다 행사용 건물을 지은 것이다. 그렇게 해서 뜯어낸 건물이 4,000여 칸에 달했다고 하니 궁궐의 반 이상이 뜯겨 나간 것이다. 일제는 이것을 민간에 팔아넘겼다고 한다.

경복궁의 훼손은 여기서 끝나지 않는다. 잘 알려진 바와 같이 1917년에 창덕궁 내전에 큰 화재가 나자 일제는 또 경복궁에 남아 있던 건물들을 뜯어다 그 목재를 가지고 대

조선물산공진회 당시의 경복궁 모습

조전과 희정당 등의 건물을 짓는다. 지금 우리가 창덕궁에 가면 볼 수 있는 건물이 바로 이때에 지은 것이다. 당시 경복궁에서 훼철된 건물들은 교태전, 강녕전, 함원전, 흥복전 등인데 이 사정을 보면 경복궁의 주요 건물들이 모두 뜯겨 나간 것을 알 수 있다. 이렇게 되니 경복궁에서는 남은 건물을 보기가 힘들어졌다. 원래는 궁 전체가 건물로 빼곡하게 차 있었는데 이 뒤로는 건물보다 빈 공간이 더 많게 되었다. 건물들이 중간에 드문드문 있는 을씨년스러운 모습의 궁이 되었다. 이때 겨우 살아남은 건물로 근정전, 사정전, 수정전, 경회루 등이 있었고 부속 건물로는 광화문, 근정문, 홍례문, 신무문, 동십자각 정도가 있었다. 이렇게 남은 건물들도 또 각기 다른 운명 속에서 명멸을 거듭했는데 상세한 것은 개개 건물들을 다룰 때 거론하자.

이렇게 훼손된 경복궁을 복원하는 책무는 후손들의 몫이 되었지만 한국의 경제 사정 때문에 복원 사업이 쉽게 시작되지 않았다. 그러다 한국이 경제적인 발전을 이루어 점차 여유가 생기자 1990년대 초부터 복원 사업이 시작되었다. 사업은 두 기간으로 나누어 시행되었다. 그 중 1차 기간은 2010년까지 지속되었는데 이 기간에 시행된 사업은 경복궁의 중심축에 있는 건물들을 복원하는 형태로 이루어졌다. 그 축에 따라 근정전을 개수하고 강녕전과 교태전이 중심이 된 침전. 그리고 흥례문 권역, 태원전이 중심이 된 빈전 권역, 그리고 광화문과 장안당 등이 복원되었다.

2차 복원사업은 2011년부터 시작되었는데 2020년 현재 진행 중이다. 여기에는 소주방이나 궐내각사 권역과 동

경복궁 동편 주차장에 관광버스들이 엉켜 있는 모습

궁 권역, 그리고 후원 권역 등이 포함되는데 2020년 현재 후원인 향원지와 향원정 영역의 복원이 한창 진행 중이다. 계획으로는 2030년대 초에는 사업을 끝낼 예정이었는데 그 기간을 더 늘려 2045년경까지 계속할 것이라고 한다. 그렇게 되면 고종 당시의 궁의 입장에서 볼 때 70% 중반대의 복원이 이루어진다고 하는데 앞으로의 일에 대해 예측하는 것은 변동이 잦은 관계로 삼가야겠다.

이렇게라도 복원이 이루어지면 괜찮기는 하지만 경복궁을 볼 때마다 아쉬움이 남는다. 100%의 복원이 이루어질 수는 없기 때문이다. 그것은 궁의 동편에 있는 주차장과 국립민속박물관, 그리고 서편에 있는 국립고궁박물관 때문이다. 사실 이런 것들이 궁 안에 있다는 것이 어불성설이지만 여러 상황 때문에 이렇게 조성되었다. 따라서 이것들을 이전해야 하는데 이 일이 쉽지 않을 것이다. 이 점에 대해서는 관계자들 사이에서 더 심도 있는 논의가 이루어져야 할 것이다.

답사 시작하기

이제 본격적으로 경복궁 답사를 시작하는데 나는 그 시작을 다른 사람들과 다른 장소에서 도모한다. 보통 사람들은 광화문 앞이나 매표소 앞에서 만나 홍례문에서 표를 제시하고 안으로 들어간다. 나도 시간이 없을 때는 그렇게 하지만 이것은 경복궁의 근본 건축 원리를 망각한 처사다. 그러면 경복궁 답사는 어디서부터 시작해야 하는것일까? 그런 의문을 갖고 이제 답사를 시작하자.

경복궁을 제대로 보려면 어디서 시작해야 할까? - 경복궁의 풍수론에 대해

나는 경복궁 답사를 할라치면 광화문 네거리에 있는 이순신 장군 동상 앞에서 만나자고 한다. 그곳에 가야 경복궁이 제대로 보이기 때문이다. 이 궁을 설계한 사람은 경복궁을 이쯤에서 보라고 설계한 것이다. 이게 무슨 말일까? 경복궁은, 다른 궁도 마찬가지이지만, 건물만 보아서는 안 된다. 항상 자연과 같이 보아야 한다. 특히 뒤에 있는 산과 같이 보아야 한다. 그래야 건축이 완성되는 것이다. 건축과 건물은 다르다. 건물은 개개 건물을 말하는 것이지만 건축은 그 건물들을 어떤 원리로, 혹은 어떤 구조로 설계했는지 등에 대한 것을 다 포함한다. 그러니까 건축에는 설계한 사람의 마음, 즉 생각이 들어간다는 것이다. 따라서 건축을 볼 때에는 그 생각을 읽어내야 한다.

경복궁 건축은 엄청난 규모다! 경복궁은 잘 알려진 것처럼 '풍수지리'라는 원리에 의거해 건설되었다. 풍수지리에 따라 건물을 지으면 건물 뒤에는 반드시 산이 있어야 한다. 이 원리에 대해서는 곧 상세하게 말할 것이다. 주지하다시피 경복궁 뒤에는 백악산(혹은 북악산)이 있다. 이른바 주산(主山)이다. 경복궁은 그 산에 안기듯이 건축되었다. 또 백악산 뒤에는 조산(祖山)인 보현봉이 있다. 이 보현봉은 백악산보다 훨씬 높지만 뒤에 멀리 있기 때문에 꼭대기만 조금 보인다. 우리는 이 보현봉까지 보이는 위치에서 경복궁을 보아야 한다. 경복궁은 그렇게 보라고 설계했기 때문이다. 그 지점에서 보면 경복궁은 정문인 광화문이 크게 보이고 그 뒤로 백악산과 보현봉이 차례로 보인다. 그렇게 보면 광화문이 여간 아름답게 보이는 것이 아니다. 장대하기까지 하다. 경복궁은 건물 자체만 보면 그다지 멋있게 보이지 않을 수 있다. 그러나 뒷산과 같이 보면 장엄 모드로 바뀐다. 경복궁은 건물 영역은 궁에 한정되지만 건축 영역은 조산인 보현봉까지 포함해야 한다. 그렇게 되면 그 규모가 엄청나게 커진다.

이게 조선의 스케일이다. 자금성을 보고 온 사람 중에는, 혹은 경복궁에 온 중국인들 가운데에는 경복궁의 작은 규모에 실망하는 사람들이 있다. 그런 사람 중에 어떤 사람은 심지어 경복궁을 두고 자금성의 행랑채에 불과한 것 아니냐고 되묻기까지 한다. 건물만 보면 분명 경복궁은 자금성에 '쨉'이 안 된다. 그러나 경복궁은 아직 제대로 복원되지 않았기 때문에 지금의 규모를 가지고 자금성과 비교해서는 안 된다는 주장도 있다. 또 전체 면적으로 보면 경복궁이 자금성의 반은 되니 경복궁이 작은 궁이 아니라는 설도 있다. 그러나 아무리 그렇다고 하더라도 자금성의 오문(午門)과 경복궁의 흥례문을 비교해보면 그 규모의 차이를 알 수 있다. 도무지 비교가 안된다. 중국의 황제는 오문 위에서 외국에서 온 사신들을 맞았다고 하는데 오문의 입장에서 경복궁의 홍례문을 보면 작은 정부의 관청 건물 정도로밖에 보이지 않을 것이다.

이렇게 건물만 비교하면 경복궁은 자금성의 비교 대상이 되지 못한다. 그런데 건물이 아니라 건축적인 시각으로 접근하면 말이 달라진다. 앞에서 말했듯이 건축을 말하고 싶다면 건물만 보아서는 안 되고 설계 원리를 투영해서 보아야 한다. 그렇게 보면 자금성의 건축은 그다지 새로울 것이 없다. 그냥 수도 한 복판에 황궁을 세우고 건물들을 대칭적으로 건설한 것이기 때문이다. 정 중앙에 축을 설정하고 주요 건물들을 그 축에 맞추어 일직선으로 건설했다. 그리고 나머지 건물은 반드시 대칭적인 것은 아니지만 질서 있게 중심축 양쪽에 지었다. 그래서 자금성의 건축 원리는 매우 단순하다고 할 수 있다. 그런데 자금성의 건축 원리에는 자연에 대한 고려가 전혀 없다. 그냥 벌판에 인간이 장대한 스케일로 세운 것뿐이다. 자금성 맨 뒤에 있는 경산은 해자를 팔 때 생긴 흙으로 만든 인공 산이다.

경복궁의 건축 원리는 이렇지 않다. 경복궁을 건축적인 원리로 보면 뒤에 있는 백악산과 보현봉이 다 들어가야 한다. 이 산들이 모두 경복궁 건축에 포함되는 것이다. 그렇게 되면 규모가 엄청 커진다. 사실 더 정확하게 한다면 풍수 이론에 의거해 안산(案山)에 해당하는 남산까지 이 경복궁 건축 원리 안에 포함해야 한다. 경복궁이라는 건축을 이렇게 보면 경복궁은 보현봉부터 남산에 이르는 엄청난 영역에 건축된 것이라 할 수 있다. 이와 같이 건축 원리의 입장에서 본다면 경복궁의 영역은 자금성과는 비교도 안 되게 커진다. 그리고 이러한 시각에서 보는 것이 경복궁을 제대로 보는 것이다.

경복궁 답사는 이순신 동상에서 시작? 이러한 원리를 유념하고 경복궁을 답사한다면 이순신 장군 동상 근처에서 경복궁을 조망해야 한다. 그런데 이곳은 사람들이 모일 수 있는 공간이 있기 때문에 이곳서 보자는 것이지 더 좋은 경광을 제공하는 곳은 다른 곳에 있다. 경복궁을 더 멋있게 볼 수 있는 곳이 있다는 것이다. 그런 곳이 여러 곳이지만 가장 대표적인 곳을 꼽는다면 우선 일민미술관(옛 동아일보 건물) 앞의 횡단보도가 아닐까 한다. 이 횡단보도를 조금만 건너서 중간쯤에서 보면 이순신 장군 동상 자리보다 조금 더 나은 경광을 볼 수 있다. 그래서 나는 그 횡단보도를 초록 신호등이 켜질 때 마다 조금씩 건너가 사진을 찍었는데 그 시간이 짧아 몇 번을 같은 일을 반복하곤 했다.

이순신 동상 옆에서 바라본 경복궁

그런데 이보다 더 멋있게 경복궁을 볼 수 있는 장소가 있다. 광화문과 뒷산을 더 장엄하게 보려면 더 뒤로 물러서야 한다. 어느 정도까지 물러서야 할까? 그 적절한 지점은 시청 앞 광장이다. 이곳서 덕수궁으로 건너가는 횡단보도 위에서 보면 지금 사진에서 보는 바와 같은 장엄한 광경이 펼쳐진다. 이 사진을 찍을 때에 나는 이 횡단보도를 몇 번이나 왔다 갔다 했는지 모른다. 이왕이면 차가 없을 때 찍으려고 여러 번을 시도한 것이다. 나는 이곳을 마을버스를 타고 자주 지나가기 때문에 버스 안에서 이 자리를 발견했다. 차도 위에서 발견한 것이다. 그래서 나도 인도 위가 아니라 횡단보도 위에서 찍은 것이다. 경복궁 답사를 여기서 시작하면 가장 좋으련만 그렇게 되면 동선이 너무 길어져 자칫하면 주역인 경복궁 답사가 힘들어질 수 있다.

내가 항상 하는 소리이지만 답사는 2시간, 조금 더 잡아서 2시간 반이 넘으면 안 된다. 2시간이 지나면 허리와 다리가 아파오기 때문이다. 그런데 사실은 경복궁 자체도 자세히 볼라치면 4시간 이상이 걸린다. 설명할 게 그리도 많다. 그런데 만일 이처럼 시청 광장 앞에서 경복궁 답사를 시작하면 시간이 너무 걸려 경복궁 답사를 반도 못할 수 있다. 그런 이유 때문에 지금까지 이곳에서 경복궁 답사를 시작한 적은 없다. 이곳은 덕수궁이나 그 인근을 답사할 때 덤으로 살짝 끼워 놓곤 했다.

이 정도면 경복궁의 건축 원리를 알 수 있지 않을까 한다. 그리고 그 원리에 입각해서 이 궁을 가장 멋지게 볼 수 있는 자리도 살펴보았다. 그래서 다시 이순신 장군 동상 앞에서 답사를 시작하는데 위에서 본 것을 토대로 이 광화문 광장에서 경복궁을 다시 보면 걸리는 것이 있다. 바로 세종대왕의 동상이다. 광화문을 바라보는 시야를 가로막고 있는 것이다. 이 동상은 동상 자체도 그리 아름답지 않지만 정말로 자리를 잘못 잡았다. 저런 동상을 세울 자리를 고를 때에는 극히 조심해야 하는데 이 지역의 특수성을 고려하지 않고 그냥 여기에 세워놓은 것 같다. 세종을 기

시청 앞에 횡단보도에서 바라 본 경복궁

리겠다는 마음이야 이해할 수 있지만 이곳에 배치하는 것은 좋지 않다. 사실 이 광화문 광장은 가능한 한 비워놓아야 한다. 그래야 진정한 의미의 광장이 되기 때문이다.

이 근처에서 가장 잘못된 곳에 건축된 것은 정부종합청사다. 궁 옆에 이런 높은 건물을 지으면 안 되는 것은 너무나도 상식적인 이야기다. 이 건물을 지은 게 1960년대 말인데 그때 한국인들이 가졌던 문화 감각은 무디었을 테니 아무 생각 없이 이렇게 높은 건물을 궁 앞에 지은 것일 것이다. 그래서 항상 나는 경복궁을 살리려면 정부종합청사 건물부터 없애야 한다는 다소 강경한 발언을 했다. 그래야 궁 전체가 시원하게 들어오기 때문이다. 그러나 그런 일이

단 시일 내에 일어날 것 같지는 않다.

이렇게 광화문 광장에서 사전 답사를 하고 나면 곧 궁 안으로 들어가게 되는데 그 전에 생각해야 할 일은 이 경복궁을 지을 때 그 자리를 선정하는 과정에서 어떤 일이 있었느냐는 것이다. 앞에서 말한 대로 경복궁의 자리 선정은 풍수설에 의거한 것이다. 잘 알려진 것처럼 당시 경복궁 터를 선정하는 과정에는 말들이 많았다. 나는 이런 것들에 대해 자세히 말하지 않을 것이다. 이에 대한 정보는 많이 알려져 있기도 하고 현재 관점에서 볼 때 그다지 중요하지 않기 때문이다. 현재 입장에서 중요한 것은 지금 경복궁이 이 자리에 있다는 것이다. 지금 여기 있는 궁을 가지고 설명하면 되지 과거에 어떠했는가를 시시콜콜하게 말할 필요 없겠다. 이 책의 서술 방향도 그렇게 될 것이다. 경복궁 같은 옛날 유적을 답사하면 역사 이야기가 많이 나오는데 세세한 사항들은 과감하게 건너뛰겠다. 그러나 현재와 연관된 역사 이야기는 확실하게 논할 것이다.

경복궁 자리를 잡기까지
- 풍수론의 실제 적용

경복궁의 설계와 시공은 김사행이! 경복궁은 태조 4년, 그러니까 1395년에 종묘와 사직단과 함께 창건되었다. 그런데 언뜻 생각하면 지금 우리가 보는 궁의 규모가 태조가 세운 것과 같을 것이라고 착각할 수 있다. 이에 대해서는 앞에서 간략하게나마 논했다. 이때 태조가 지은 건물은 그리 많지 않다고 했다. 주요 건물만 지었는데 정전과 강녕전, 사정전, 삼군부 등이 그것이다. 칸수로 따지면 390칸 정도라고 하니 규모가 얼마 되지 않는 것을 알 수 있다. 그에 비해 고종이 복원한 것은 7,700 칸 정도가 되니 그 규모가 비교가 안 된다.

또 그 해 10월에 정도전은 태조의 명을 받고 궁의 이름을 비롯해 궁 안에 건설된 건물들의 이름을 짓는다. 궁의 이름이 어떻게 만들어졌는가는 앞에서 이미 언급했다. 정도전이 이 궁의 건축 정신을 말할 때 '검소하나 누추하지 않게, 화려하나 사치하지 않게'라고 했다는 것도 잘 알려져 있다. 그런가 하면 궁의 자리를 정할 때에도 백악산을 주산으로 하자는 정도전의 주장이 받아들여졌다는 것도 이제는 상식처럼 되어 있다. 그래서 이에 대해서는 더 이야기할 필요가 없겠다.

그런데 문제는 이런 것 때문에 경복궁의 설계자가 정도전으로 알려져 있다는 것이다. 나도 이전에는 그렇게 알고 있었는데 그것은 사실이 아니다. 경복궁의 설계자는 아직 일반인들에게는 잘 알려지지 않은 김사행(金師幸)이라는 인물이다. 이 사람은 환관으로 고려 때부터 있던 사람이다. 노비의 아들인 관계로 원나라의 요청으로 그곳에 환관으로 차출된다. 그는 원에 있는 동안 궁궐을 관리하는 관청에서 근무하면서 건축 공사에 대해서 많이 배웠다고 한다. 아마 그는 이 같은 토목 공사에 두각을 나타냈던 모양이다. 추정컨대 그는 머리가 매우 비상한 사람이었던 것 같다. 이 관청에 있으면서 건축에 달통하게 되었다고 하니 말이다. 그러다가 그는 고려로 돌아오게 되었고 귀국 후에는 왕실 전용의 사찰 공사를 전담했다고 한다. 건축학자들의 설에 의하면 그는 이때 궁궐 전각과 대형 사찰의 건축 기법을 융합해 독특한 건축 양식을 창안했다고 하는데 중요한 것은 이러한 그의 기법이 조선의 궁궐 건축으로 이어졌다는 것이다.[2)]

조선을 건국한 이성계는 고려 말부터 김사행을 주시하고 있었던 모양이다. 그래서 새 나라를 건국하자 이성계는 궁궐의 건축을 모두 그에게 맡겼다. 그가 경복궁의 초기

2) 그는 이런 건축 이외에도 공민왕과 노국공주의 능을 설계하고 조성한 것으로도 유명하다. 이 두 능은 조선 왕릉의 전범이 되었다는 점에서 그의 능력이나 영향력은 아무리 강조해도 지나치지 않는다.

공사를 설계한 것이다. 당시에 궁궐 건축 분야에서 김사행을 능가할 만한 사람이 없었기 때문에 그의 발탁은 자연스러운 일이었을 것이다. 항간에는 정도전이 『주례(周禮)』 "고공기(考工記)" 같은 문헌에 의거해 경복궁을 만들었다고 하는데 어떻든 주 감독은 김사행이었을 것이다. 김사행의 영향력은 여기서 끝나지 않는다. 그의 건축 기법을 이어받아 창덕궁을 설계한 사람이 바로 박자청이기 때문이다. 박자청도 환관 출신인데 이 두 사람은 스승과 제자의 관계이었을 것이다. 이렇게 되면 조선의 가장 중요한 두 궁은 김사행의 설계와 시공으로 이루어졌다고 할 수 있겠다.

유일하게 중국식으로 지은 경복궁 경복궁을 지을 때 가장 기본이 되었던 문헌은 앞에서 말한 『주례』 "고공기"인데 조선 정부는 이 책에 따라 궁궐의 주요 건물들을 일직선으로 배치하게 된다. 그러니까 그림에서 보는 것처럼 정문인 광화문부터 왕비의 처소인 교태전까지 있는 모든 문과 건물을 일직선으로 배치했다는 것이다. 축을 하나만 인정한 것이다. 이것은 전형적인 중국의 궁궐 건축 양식을 따른 것이다. 중국에서는 대부분의 궁궐을 이런 식으로 지었다. 중심에 하나의 축을 놓고 그 좌우에 대칭으로 건물들을 배치하는 것이다. 이것은 매우 단순한 구성이라 하겠다.

지금 서울에 있는 궁 가운데 이 같은 중국식을 따른 궁은 경복궁밖에 없다. 경복궁은 법궁, 즉 정궁이기 때문에 법도를 따르느라 그랬는지 중국의 양식을 따랐다. 그런데 경복궁 이후로 건축되는 조선의 궁 가운데 중국의 법도를 따른 궁은 하나도 없다. 조선은 5개의 궁을 세웠는데 경복궁을 제외하고 그 이후에 지은 4개의 궁은 중국과는 조금 다른 방식으로 지었다. 경복궁을 짓고 10여 년 만에 지은 창덕궁부터 하나의 중심축을 두고 대칭적으로 건축하는 양식을 더 이상 따르지 않았다. 창덕궁만 해도 정문인 돈화문이 궁궐의 중심이 아니라 왼쪽으로 치우쳐 건설된 것부터가 그런 사정을 잘 말해준다. 왕실의 궁전을 이런 식으로 짓는 것은 다른 나라에서는 잘 발견되지 않는다. 그런가 하면 정전인 인정전으로 가려고 하면 두 번이나 축이 꺾이는 것도 그렇다. 한 번 꺾이는 것도 모자라 두 번씩이나 꺾었다. 이런 것은 조선 문화의 전범인 중국에서는 일어나지 않는 일이다.

사실 경복궁처럼 모든 건물을 대칭으로 짓는 것은 한국인들이 선호하는 방식이 아니다. 한국의 전통 예술을 보면 이상하게도 대칭이나 비례적인 것을 꺼리는 경향이 있다. 그보다는 규범이나 규칙을 깨는 자유분방한 태도를 좋아한다. 기본적인 성향이 그렇기는 했지만 한국인들은 정

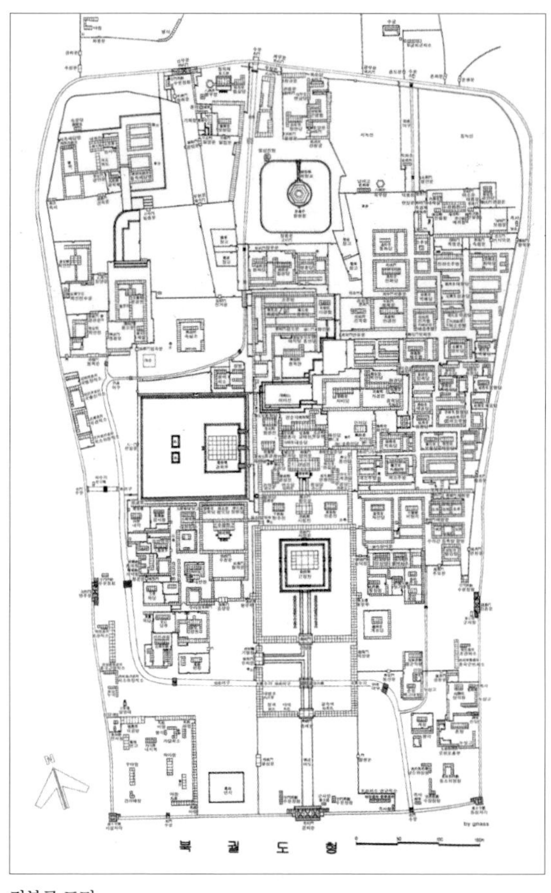

경복궁 도면

자금성

궁인 경복궁을 지을 때는 억지로 중국식의 법도를 따랐다. 그러나 그 다음 궁을 지을 때부터는 다시 자기 식대로 지었다. 조선 사람들은 겉으로는 중국을 맹종하는 것 같은데 무의식적으로는 조선 것을 전혀 버리지 않았다. 이것은 궁궐의 자리를 정할 때에도 마찬가지였다. 중국식으로 한다면 궁은 도시의 한 가운데에 있어야 한다. 앞에서 언급한 '고공기'를 보면 궁 뒤에는 시장을 만들라고 되어 있다. 궁이 도시 가운데에 있으니 그 뒤에 시장을 만들 수 있었을 것이다. 그런데 조선은 그렇게 하지 않았다. 궁을 도시의 중심이 아니라 서북쪽에 만들었다. 그리고 산기슭에 지었다. 그래서 궁 뒤에는 시장을 만들 수 없었다. 대신 조선은

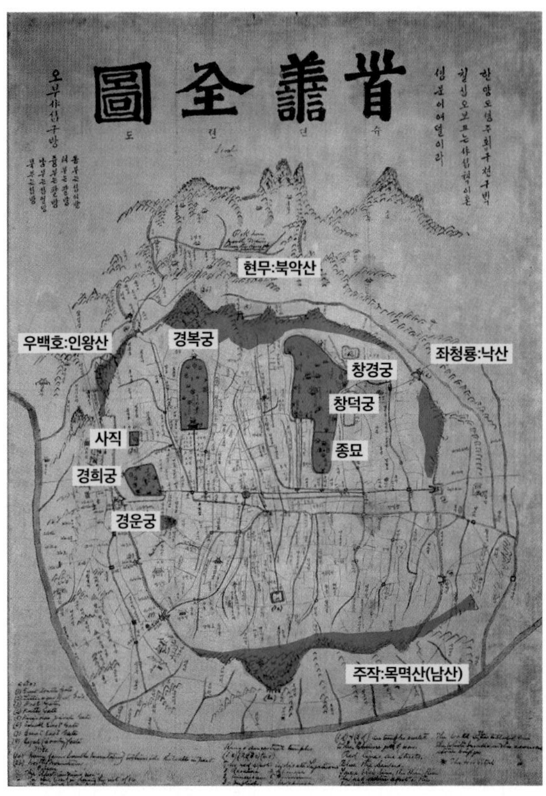

"수선전도"에 나타난 경복궁의 위치(중국의 예처럼 도시 한 가운데에 짓지 않고 서북쪽으로 치우친 곳에 자리를 잡았다)

궁 앞에 육의전(六矣廛)이라는 시장을 만들었다. 이것 역시 중국의 기준을 따르지 않은 것이다.

궁을 도시의 중심에 짓지 않고 서북쪽에 있는 산의 기슭에 지은 이유는 곧 보게 될 풍수론에 의거한 바일 것이다. 그와 더불어 한국의 전통 마을의 조성 원리를 따른 바도 크다. 전통적으로 한국인들은 산기슭에 마을을 만드는 것을 선호했다. 마을뿐만이 아니다. 유교의 서원도 경사가 가파르지 않은 언덕에 짓는 경우가 많았다. 예를 들어 병산서원이나 도동서원 등과 같은 대표적인 서원들이 모두 낮은 언덕 기슭에 세워져 있다. 그러나 서원의 종주국인 중국은 다르다. 중국의 서원은 철저하게 평지에 세우고 중심축을 가운데 두고 대칭으로 건설하기 때문이다. 이에 비해 한국의 서원은 낮은 언덕에 짓고 건물을 비대칭적으로 배치하는 게 다반사였다.

경복궁의 경우는 산기슭은 아니지만 산에 아주 밭게 건설되었다. 반면 창덕궁은 아예 언덕을 궁 안으로 끌어들여 후원으로 사용했다. 이런 시도는 중국에서는 결코 볼 수 없다. 우리는 이런 여러 사례를 통해 조선 사람들이 중국 것을 따르고 좋아하면서도 이면에서는 조선적인 것을 놓치지 않고 있는 것을 알 수 있다.

경복궁 자리 정하기 - 풍수론으로 명당 찾기 이제 경복궁의 입지 선정에 대해 살펴보자. 경복궁 자리를 정할 때 풍수설이 동원되었다는 것은 누구나 아는 사실이다. 그런데 정작 풍수설이 무엇이냐고 물어보면 다들 어느 정도는 알고 있지만 정확하게 대답하는 사람은 드물다. 또 그 설명이 사람마다 다르고 난해해 그들의 주장에는 별 관심이 생기지 않는다. 또 풍수론에는 유사과학적인 요소도 포함되어 있어 조심해서 접근해야 한다. 나는 여기에서 이 같은 것에 대해서는 언급하지 않을 것이다. 그러나 풍수론의 정수는 간단하기에 그것에 대해서만 독자들과 공유하고자 한다.

풍수론자들의 가장 기본적인 가정은 자연을 살아 있다고 생각하는 것이다. 이들에 따르면 자연에는 일정한 기운, 즉 생기(生氣)가 흐르고 있다고 한다. 나는 '이 이론이 맞다 그르다'를 따지지 않고 단지 그들의 주장만을 옮길 것이다. 그런데 이들의 주장을 이해하기 쉬운 방법이 있다. 우리 몸과 비교하면 된다. 한의학에 따르면 우리 몸에는 기가 흐르는 길인 경락(經絡)이 있고 이 길을 따라 몸 전체에 기가 흐르고 있다. 이 기가 있어 우리는 살아 있다고 할 수 있다.[3] 그런데 우리 몸에는 이 기가 모이는 곳이 있

3) 사람이 죽음을 맞이하면 이 기가 모두 사라진다고 한다.

다. 혈이 그것이다. 비유를 하면 기차역이라고 이해해도 된다. 철로가 기가 흐르는 길이라고 한다면 역은 기차들이 서거나 모이는 곳이니 그렇게 말할 수 있는 것이다. 이 혈 자리는 중요한 곳이기 때문에 침이나 뜸을 놓을 때 사용된다.

풍수론자들은 자연도 우리의 인체와 똑같다고 주장한다. 인체에 기가 흐르고 있듯이 산천에도 기운이 흐르고 있다. 기가 일정한 길을 따라 흐르고 있는데 인체와 마찬가지로 여기에도 기운이 모이는 지점이 있다. 신체로 따지면 혈에 해당하는 곳이다. 풍수론에서는 이곳을 명당이라 부른다. 좋은 기운이 모여 있기 때문이다. 그래서 이 명당에 집을 짓거나 무덤을 만들면 당사자나 그 후손들이 행복하게 살 수 있다. 그 좋은 기운을 자신의 것으로 만들 수 있기 때문이다. 그래서 풍수론자들은 이 명당을 찾는 데에 혈안이 되어 있다. 이것이 아주 간단하게 본 풍수설의 전모다.

그런데 문제는 이 명당을 어떻게 찾느냐는 것이다. 풍수론자들은 일정한 지점이 명당이 되기 위해서는 다음과 같은 조건을 충족해야 한다고 주장했다. 누구나 다 아는 배산임수(背山臨水)가 그것이다. 한국인 가운데 이 말의 뜻을 모르는 사람은 없을 것이다. 쉽게 말해서 앞에 물이 있고 뒤에 산이 있으면 명당이 된다는 것이다. 여기서 중요한 것은 산이다. 이 명당을 받쳐주는 산이 적어도 3~4개가 되기 때문이다. 더 엄밀히 따지면 5~6개가 될 수도 있다. 그런 면에서 이 풍수론은 결코 간단한 이론이 아니다. 이런 산이 3~4개가 있다고 한 것을 의아해 하는 독자들이 꽤 있을지 모른다. 집 뒤에 산이 하나만 있으면 다 되는 줄 알았는데 산이 3~4개가 있어야 한다고 하니 말이다.

명당을 구성하는 산들을 보면, 우선 가장 중요한 것은 집 뒤에 있는 주산이다. 이 산이 이 집 혹은 대지를 받쳐주는 가장 중요한 산이라 할 수 있다. 그런데 이 주산을 지탱해주는 산이 또 있어야 한다. 조산이 그것이다. 주산이 아버지라면 조산은 할아버지에 해당한다. 그래서 할아버지 조(祖) 자를 쓴 모양이다. 그런데 이 조산은 주산 뒤에만 있는 것이 아니다. 이 조산을 저 멀찌감치 앞에서 상대해주는 산이 있기 때문이다. 이 산의 상징을 보통 남(南) 주작(朱雀)이라고 하는데 이 산은 상당히 멀리 떨어져 있다. 곧 이야기할 테지만 경복궁의 경우 이 산은 관악산이니 상당히 멀리 떨어져 있는 것을 알 수 있다. 그래서 이 두 조산 사이에는 이 둘을 연결해주는 징검다리가 필요하다. 이것을 보통 안산(案山)이라 하고 경복궁의 경우에는 남산이 이에 해당한다.

이렇게 보면 벌써 산이 3~4개가 동원되었다. 이 명당자리를 보호하기 위해 이렇게 많은 산이 있어야 하는 것이다. 그런데 아직 빠진 게 있다. 좌우가 빠졌다. 명당을 앞뒤에서 받쳐주었다면 좌우에서도 받쳐주어야 한다. 오른쪽과 왼쪽에서도 이 자리를 엄호해야 명당이 완성되는 것이다. 이렇게 보면 명당이 탄생하기 위해 적어도 5~6개의 산이 동원되는 것이다. 그래서 이 풍수론이 간단하지 않다고 한 것이다. 이보다 더 복잡하게도 설명할 수 있는데 그것은 너무 전문적이라 피하는 게 낫겠다.

이상이 아주 간단하게 본 풍수론인데 이 이론을 알고 있는 사람들은 대부분 이 설명에 동의할 것이다. 그런데 내게는 여기서 질문이 생기는 것을 막을 수 없다. 여러 의문이 있지만 우선 근본적인 것 하나만 들어보자. 질문은 간단하다. 이렇게 산으로 겹겹이 쌓여 있는 장소에 기가 모인다는 것을 어찌 아느냐는 것이다. 다시 말해 산이 그렇게 둘러싸고 있는 곳은 모두 기가 모여 있어 명당이 되느냐는 것이다. 의문은 또 든다. 산이 둘러싸지 않으면 기가 모일 수 없는 것일까? 평지에는 기가 모이는 곳이 없는 것이냐는 것이다. 내가 알기로는 평지에도 그런 곳이 있다고 하는데 그런 곳은 산과 아무 관계가 없지 않은가? 이런 질문들이 봇물처럼 나오는데 그 대답은 잘 모르겠다. 물론

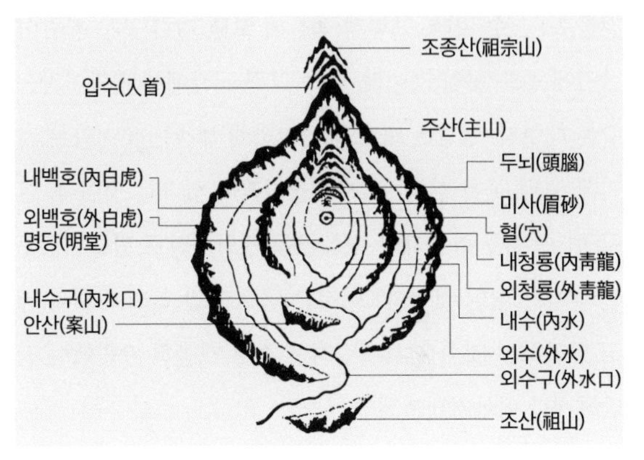

명당 자리

풍수사들은 자신들의 기감(氣感)으로 명당 자리를 알 수 있다고 하겠지만 그것은 주관적일 수 있으니 거론할 거리가 못된다. 그래서 나는 이 명당자리에 기가 모이는지 어떤지는 잘 모른다. 또 어떤 면에서는 관심도 없다. 이 이외에도 지기가 실제로 존재하는 것인지 등과 같은 의문도 들지만 이 자리는 그런 것을 논하는 자리가 아니니 그냥 지나치기로 하자.

이처럼 지기에 대한 것은 아리송하지만 이 풍수론과 관련해 한 가지 확실한 것이 있다. 그것은 풍수의 원리대로 땅을 고르면 그런 곳은 매우 아름다운 곳이라는 것이다. 그리고 우리가 그런 곳에 있으면 확실히 마음이 편해지는 것을 느낄 수 있다. 그렇게 생각해 보면 이런 곳은 사람이 살기에 좋은 곳일 것이다. 나는 그런 시각에서 명당이라는 땅을 대한다. 명당은 사람을 편안하게 해주는 곳이라는 것인데 그런 곳은 산과 강으로 둘러싸여 있다는 것이다. 만일 이 이론을 따른다면 경복궁을 명당자리로 만들어주는 산과 강은 어떤 것일까? 이것은 너무도 잘 알려져 있어 다시 언급하는 것이 남사스럽지만 정보 제공의 차원에서 간단하게만 이야기해야겠다.

경복궁을 둘러싼 산들 경복궁의 주산이 백악산이라는 것은 앞에서 이미 언급했다. 사신(四神) 중에는 북쪽을 대표하는 현무(玄武)가 이곳의 상징이다. 이른바 북현무인데 잘 알려진 것처럼 이것을 그린 그림은 보통 거북이와 뱀이 뒤엉킨 것이다. 그런데 영어로 말할 때는 'Black Turtle'이라고 하니 뱀은 빼고 거북만 언급하고 있는 것을 알 수 있다. 왜 이렇게 번역했을까? 이것은 '현'은 검은 색을 나타내고 '무'는 거북(의 등)을 상징하는 것으로 보았기 때문일 것이다. 여기에 뱀이 가세한 것은 음양의 조화를 위해서라는 설명이 있는데 그 자세한 사정은 모호하다.

그 다음 산은 왼쪽을 담당하는 산으로 보통 청룡(靑龍)이라는 이름으로 부른다. 이른바 좌청룡(Blue Dragon)이다.

서울에서 이 역할을 맡은 산은 낙산인데 서울 풍수의 문제점 중의 하나가 바로 이 낙산이다. 다른 산들에 비해 너무 낮기 때문이다. 다른 산들은 높이가 대개 250m 이상인데 이 산은 100m 정도밖에 되지 않는다. 그래서 남산에서 보면 이 산은 잘 보이지 않는다. 조선의 위정자들은 이 낙산의 허약함을 보완하기 위해 몇 가지 일을 했다. 동대문을 옹성으로 만들어 무게가 더 나가게 만들고 문의 이름도 다른 문처럼 세 글자가 아닌 네 글자, 즉 '흥인지문'으로 한 것 등이 그것이다.

다음 산은 오른쪽을 보좌하는 산으로 백호(白虎)라는 상징으로 불린다. 이른바 우백호(White Tiger)이다. 이 산은 당연히 인왕산이다. 좌청룡에 비해 우백호는 아주 튼실하다. 산의 높이가 330m 정도이니 주산인 백악산과 거의 같은 높이다. 높이가 이러하니 주산을 받쳐주는 데에는 제격이다. 전체 규모로 보면 외려 주산인 백악산보다 크게 보여 주산을 능가하는 것처럼 보인다. 그래서 그랬는지 세간에 알려지기는 이성계와 함께 조선을 세운 무학 대사는 이 산을 경복궁의 주산으로 삼자고 주장했다는 설이 있다. 이렇게 되면 좌청룡은 백악산이 되고 우백호는 연대 뒷산인 안산(鞍山)이 된다. 이 구도의 장점은 가운데와 좌우의 산이 매우 건실하다는 것이다. 이렇게 할 경우 정도전이 주장했다는 구도가 가진 약점, 즉 좌청룡이 약하다는 약점을 보완할 수 있다. 그런데 무학의 구도도 심각한 약점을 갖고 있다. 가장 큰 약점은 주산을 보좌할 조산이 없다는 것이다. 쉽게 말해 인왕산을 뒤에서 받쳐줄 산이 없다는 것이다. 또 이 구도에서는 좌청룡인 백악산 쪽이 너무 강해진다. 그 뒤에는 보현봉까지 있어 그 힘이 주산인 인왕산보다 더 강해질 수 있다.

이렇게 보면 풍수론에 딱 맞는 그런 환상적인 장소는 없는 것 같다. 어떤 구도든 장점과 약점을 동시에 지니고 있기 때문이다. 그런 점에서 상대적으로 따져보면 그래도 지금의 구도가 최선으로 보인다. 이것은 내가 남산에 올라가 직접 시험해본 것인데 전체 구도를 보니 경복궁의 주산을 지금처럼 백악산으로 하는 게 제일 낫게 보였다. 물론 무슨 객관적인 증거가 있어서 하는 소리는 아니지만 말이다. 그런데 제일 이해가 안 되는 것은 하륜이 주장했다고 전하는 설이다. 그는 연대 뒷산인 안산을 경복궁의 주산으로 삼자고 제안했다고 한다. 그럴 경우 조산은 말할 것도 없고 우백호 역시 아예 없다시피 한데 왜 그런 설을 주장했는지 잘 모르겠다. 그러나 지금 그곳에는 연세대라는 큰 학교가 자리 잡고 있으니 이 설도 전혀 이치에 닿지 않는 것은 아니겠다. 연세대 같은 명문 대학이 있는 곳이라

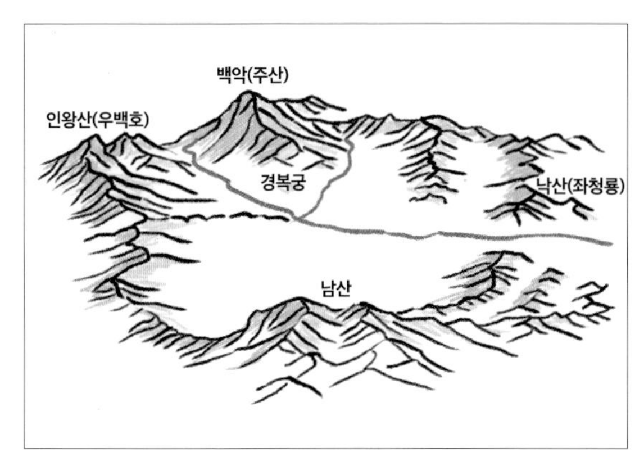

경복궁의 산세

인왕산 정상서 바라본 경복궁

면 명당임에 틀림없으니 이 설도 나름의 의미가 있을 것이라는 것이다.

남산은 신의 한 수? 마지막으로 거론되어야 할 산은 남산으로 이 산은 안산이라고 했다. 이때 안산의 안(案)은 책상 같은 것을 뜻한다. 남산은 주산인 백악산과 남주작에 해당하는 관악산 사이에서 일종의 중개 역할을 한다고 볼 수 있다. 어떤 풍수가는 백악산이 주인의 역할을 하고 관악산이 손님의 역할을 하는데 이때에 남산이 탁자 같은 것이 되어 그 둘이 대면하는 것을 도와주고 있다고 주장한다. 탁자를 가운데에 두고 양자가 차라도 마시는 것이리라. 그런가 하면 안산으로서의 남산은 이 명당에 사는 사람들에게 쉼터 같은 역할을 한다. 이것은 주산인 백악산과 뚜렷이 구별된다. 백악산은 왕실의 산이라 일반 백성들은 그 안으로 들어갈 수 없었다. 그에 비해 남산은 국민들이 아무 때나 들어가 쉴 수 있었다.

남산은 지금도 그런 역할을 아주 잘 수행하고 있다. 남산 공원이 만들어져 매일 많은 시민들이 그 안에 들어가 자연을 즐기고 있다. 과연 그 수도 안에 이런 멋진 산이 있는 나라가 있는 몇이나 될까 생각해보는데 그런 나라가 잘 떠오르지 않는다. 남산 안에 들어가면 상당히 숲이 우거져 있어 자연을 얼마든지 즐길 수 있다. 새벽에 매일 남산에 가는 나도 그런 사람 중의 하나이지만 이렇게 편하게 자연을 접할 수 있는 산을 수도 안에 가진 나라는 거의 없을 것이다. 내가 사는 아파트에서 차로 10분밖에 걸리지 않으니 얼마나 가까운 거리인가? 남산 안으로 들어가면 이곳이 도시라는 걸 잊어버릴 정도로 숲이 울창하다.

남산은 꽤 커서 하루에 다 보기가 힘들다. 면적이 상당하기 때문이다. 그 때문에 서울은 창졸간에 전 세계 수도 가운데 녹지 비율이 매우 높은 수도가 되었다. 만일 남산이 포함되지 않는다면 서울은 녹지 비율이 형편없는 수도로 꼽히게 된다. 그렇지 않은가? 서울에는 온통 아파트 같은 집 짓느라고 공원 같은 녹지가 너무 부족하다. 그런데 서울의 중심부에 남산처럼 엄청나게 큰 공원이 있으니 녹지율이 급상승하는 것이다. 이렇게 된 것은 풍수론에 따라 서울을 정한 선조들의 공이 아닐 수 없다.

선조들의 공은 여기서 다하지 않는다. 관광의 관점에서 볼 때 서울은 여러 약점을 갖고 있는데 그 중의 하나가 서울을 대표하는 랜드 마크가 없다는 것이다. 그러니까 외국인이 서울을 관광하고 떠날 때 뇌리에 남는 것이 있어야 하는데 그런 것이 없다는 것이다. 우리가 해외 여행할 때에 많은 것을 보지만 결국 뇌리에 선명하게 남는 것은 한

두 개에 불과하다. 그런 것이 하나 정도는 있어야 그 여행을 기억할 수 있을 것이다. 서울에는 이런 것이 없다는 것인데 예외가 바로 남산 타워이다. 정확히 말하면 'N서울타워'라고 하는데 밤에 멀리서 보이는 이 타워는 확실히 압권적인 면이 있다. 타워에는 미세먼지의 정도에 따라 몇 가지 색깔의 불이 켜져 밤에는 더 보기 좋다. 그런데 만일 이 타워가 평지에 있었다면 이렇게 멋있게 보이지 않았을 것이다. 산 위에 있기 때문에 장엄하게 보이는 것이다. 이렇게 보면 남산이란 존재가 서울 사람들에게 얼마나 큰 의미가 있는지 다 알기가 힘들 정도다. 그런데 이게 다 풍수론에 의거해 서울을 건설했기 때문에 가능하게 된 것이다. 그러니 풍수론이 대단한 이론이라고 하지 않을 수 없다.

이 정도 보면 이른바 서울의 내사산(內四山)은 다 본 셈이다. 사실 서울의 풍수를 알려면 이 네 개의 산만 보면 된다. 서울에는 이 내사산 외에 또 외사산(外四山)이 있지만 이는 그리 중요하지 않다. 서울의 중심에서 너무 멀리 떨어져 있기 때문이다. 외사산 가운데 좌청룡에 해당하는 산은 흔히들 아차산이라 불리는 용마산이고 우백호는 이름조차 생소한 덕양산이다. 아차산에는 신라 때 지은 산성과 고구려의 요새가 많아 볼 것이 꽤 있지만 서울의 역사와 그리 관련이 있는 것이 아니라 언급하지 않겠다.

밤에 바라본 남산타워

풍수론 덕에 서울은 가장 아름다운 수도? 그 다음은 '배산임수'할 때 '임수'다. 명당은 뒤에 산이 있어야 하고 앞에 물이 있어야 한다. 서울의 경우 한강이 그 주인공이라는 것은 말할 것도 없다. 그런데 이 물도 더 세분화해서 볼 수 있다. 외수(外水)와 내수(內水)가 그것이다. 외수와 쌍을 이룰 내수(內水)가 있어야 한다. 이 경우에 외수는 도성의 바깥에 흐르는 강이 되고 내수는 도성 안에 흐르는 내가 된다. 그렇게 되면 당연히 외수는 한강이 되고 내수는 청계천이 된다.

이 강들이 갖는 의미가 무엇일까? 특히 한강이 가지는 의미가 크다. 이전에는 각 지방에서 걷은 세금을 운반하고 교역하는 데에 이 강이 필수적이었다. 당시에는 도로가 발달하지 않았고 운반 수단도 수레나 말 같은 것밖에 없어 육로로 운송하는 것은 그리 효율적이지 않았다. 이에 비해 배로 운반하는 것은 육상 운송과는 비교도 안 되게 경제적이었다. 따라서 수도는 반드시 강을 끼고 있어야 하는데 한양은 그 범례를 잘 따른 것이다.

그런데 이 같은 것은 현대에 사는 우리에게는 별 의미가 없다. 지금은 강을 활용해 물자를 운반하지 않기 때문이다. 지금 서울 사람들에게 이 강은 휴식과 레저의 의미가 크다. 한강은 시민들에게 강 자체보다 강변에 많은 휴식 공간과 운동할 수 있는 시설을 제공해주고 있다. 전 세계의 수도 가운데 이렇게 훌륭한 강을 가진 수도는 그리 많지 않을 것이다. 그러니까 서울 사람들은 강이라는 훌륭한 자연을 체험하고 싶으면 아무 때나 지하철을 타고 강변에 갈 수 있다. 그곳에서 시원한 물을 보며 많은 '레크리에이션' 활동을 할 수 있다. 나도 송파에 살 때에는 주기적으로 자전거를 타고 한강에 가 강변을 달리곤 했다. 그때 강은 지나는 데마다 아름다운 경치를 선사해주었다.

그래서 내가 노상 하는 이야기이지만 서울은 자연적으로 천혜를 받은 도시다. 자연 가운데 가장 대표적인 산과 강이 동시에 있기 때문이다. 세계의 대도시들이 강을 갖고 있는 경우는 많지만 산까지 갖고 있는 경우는 드물다. 서울의 경우 외국인들이 신기하게 생각하는 것은 지하철을 타고 산에 갈 수 있다는 것이라고 한다. 사실 그렇지 않은가? 앞에서 언급한 산들의 경우 지하철과 버스를 연결하면 어느 곳이든 쉽게 갈 수 있다. 그렇게 산에 가서 조금만 걸어 들어가면 완전히 자연이 된다. 바쁘고 시끄러운 도심 속에 있는 것 같은 느낌이 들지 않는다. 그러다 물이 그리우면 또 지하철과 버스를 타고 한강으로 가면 된다. 그곳에서는 운동도 할 수 있고 배를 타고 수상에서 차나 술도 마실 수 있으며 심지어는 윈드서핑도 할 수 있다. 도시에 살면서 이런 자연 환경을 갖는 것은 대단한 일인데 서울 사람들은 워낙 이에 익숙해 있어 그 사실을 잘 모르는 것 같다.

그런데 서울이 이런 엄청난 자연환경을 갖게 된 것은 모두 풍수론 덕이라 할 수 있다. 조상들이 풍수론에 의거해 서울을 디자인했기 때문에 이렇게 빼어난 환경을 갖게 된 것이다. 신기한 것은 이 풍수론의 종주국이라 할 수 있는 중국에서는 수도를 정할 때 이 원리를 따르지 않았다는 것이다. 비근한 예가 북경이다. 그래서 북경에 있는 자금성은 그 규모는 장대한데 주위에 자연이라고 할 것이 없다. 풍수론을 따랐다면 반드시 주변에 산과 강이 있어야 하는데 말이다. 풍수론을 창안한 중국인들이 수도를 정하고 궁궐을 세울 때 정작 자신들은 이 원리를 활용하지 않은 것을 어떻게 이해해야 할지 모르겠다. 궁궐만 그런 것이 아니다. 중국인들은 민가나 사찰을 지을 때에도 풍수론을 이용한 것 같지 않다. 중국의 전통 건물들을 다 확인해본 것은 아니라 자신 있게 말할 수는 없지만 지금까지 내가 답사해 본 전통 건물들은 풍수론으로부터 영향 받은 흔적이 잘 보이지 않는다.

어떻든 이렇게 해서 서울은 풍수론 덕에 세계에서 가장 아름다운 수도가 될 수 있는 여건을 갖추었다. 그런데 후손들은 이러한 천혜의 조건을 살려내지 못했다. 그런 예가 너무 많아 다 들 수 없는데 그 중에 가장 가슴 아픈 것은 한강이다. 그 아름답고 장대한 강을 어떻게 저렇게도 망칠 수 있는지 어이가 없어 말이 안 나올 지경이다. 그 처참한 막장 가운데에도 강변에 발게 세운 아파트들과 강 옆과 강 위에 마구 만들어 놓은 도로들은 압권이라 할 수 있다. 생각 같아서는 강변에 있는 아파트들을 다 뒤로 밀고 88도로 같은 강변 도로도 없앴으면 제일 좋겠는데 물론 이게 불가능할 것이라는 것은 나도 잘 안다.

이뿐만이 아니다. 전두환 때 강안(江岸)에 만들어놓은 시멘트 덮개 등도 다 제거해야 한다. 그래야 한강의 제 모습이 살아난다. 그리고 강안과 강변에 나무를 대량 심는 등 강을 모두 자연으로 되돌려야 한다. 그러면 한강은 세계에서 가장 아름다운 수도의 강이 될 수 있을 것이다. 만일 그렇게 한다면 한강의 본래 모습을 어느 정도는 되찾을 수 있을 것이다. 개발되기 이전의 한강 모습을 알고 싶으면 정선이 그린 『경교명승첩(京郊名勝帖)』이 많은 참고가 될 것이다. 이 그림들을 보면 한강이 얼마나 아름다운지 모른다. 유려한 강변과 우아한 건물들이 있어 강이 아주 아름답게 보인다. 한강을 이런 수준으로까지 복원하는 것은 불가능하겠지만 한강 주변의 자연은 어떻게 해서든 다시 살

정선의 경교명승첩 중 송파진(산 위에 남한산성이 보인다) (문화재청 제공)

려내야 한다. 그러나 앞서 말한 대로 나는 이 일이 불가능할 것이라는 것을 잘 안다. 아파트는 개인 자산이니 손 댈 수 없겠고 강변 도로 등은 이미 서울 교통의 중추가 되었는데 어떻게 없앴을 수 있겠는가? 그러나 어떤 식으로든 지금 상태보다는 잘 만들 수 있는 방법이 있을 것이다. 그것을 생각해보아야 할 터인데 서울 시장이나 시청 공무원들은 어떻게 생각하고 있는지 모르겠다.

본격적으로 궁 안으로!

말 많은 광화문, 제 자리를 찾다! 광화문 광장 앞에는 바로 광화문이 있는데 이 문에 대해서는 어디서부터 어떻게 말해야 할지 가늠이 잘 서지 않는다. 또 나의 다른 졸저(『서북촌 이야기 상』)에서 이미 광화문 수난사에 대해 서술했기 때문에 다시 상세하게 쓸 필요는 없겠다. 다른 건물들은 없어졌다가 복원될 때 그 자리에 다시 세우면 그것으로 끝이었는데 광화문은 그 과정이 그렇게 간단하게 전개되지 않았다.

근세사를 보면 광화문은 일단 1927년에 철거될 운명에 있다가 기사회생하면서 엉뚱한 곳으로 이전된다. 그 이유는 잘 알려진 대로 1926년에 완성된 조선총독부 건물을 이 광화문이 가로 막고 있었기 때문이다. 원래 일제는 이때 광화문을 궤멸시켜버리려고 했는데 국내외에 반대 여론이 비등해 부숴버리지는 않고 자리를 이전한다. 옮긴 곳은 현재 국립민속박물관 정문 자리다. 이것이 근세에 광화문이 겪은 첫 번째 수난이다. 그러다 6.25 때 화를 입어 돌기단만 남고 위의 나무 건물[문루, 門樓]은 소진된다. 두 번째 수난이라 하겠다. 그래서 당시의 사진을 보면 돌 기단만 남은 광화문을 모습을 발견할 수 있다. 사람으로 비

유하면 상반신은 없어지고 하반신만 남은 모습이니 얼마나 기괴했겠는가?

그런 상태로 1968년까지 있었던 모양이다. 아니 정확히 말하면 새 광화문이 1968년에 원래 자리에 건설되었으니 공사를 위해 그 전에 이곳에 있던 광화문 돌 기단은 이미 해체되어 있었을 것이다. 그렇게 보면 이 흉물이 된 광화문이 10년 이상 이 자리에 있었던 것이 된다. 이것은 지금의 관점으로 보면 이해가 잘 되지 않는다. 어떻게 유서 깊은 전통 유산을 그토록 오랜 시간 동안 흉측하게 방치할 수 있었을까. 당시 한국은 세계에서 가장 가난한 나라 중의 하나라 그랬을지도 모르겠다. 먹을 게 없어 하루 살기도 힘든데 돈 하나 안 되고 유지에 돈만 들어가는 과거 유물을 생각할 겨를이 없었을 것이라는 추정도 가능하겠다.

그러나 당시 한국 사정이 아무리 딱해도 정궁의 정문을 한국 정부가 가만히 놓아둘 리는 없었다. 그래서 광화문을 원위치로 보내게 되는데 이때 두 가지 문제점이 발생했다. 첫 번째는 재료 문제다. 문루를 복원하면서 나무를 쓰지 않고 시멘트로 했기 때문이다. 왜 이렇게 했을까? 당시에 나라에 돈이 태부족해 나무로 만들 생각을 하지 못한 걸까? 또 다른 시각도 가능하다. 당시에 시멘트는 각광 받는 소재였기 때문에 고의로 시멘트를 택했을지도 모른다

돌 기단만 남은 광화문

는 것이다. 그 의도가 어떻든 시멘트로 만든 것 치고는 문의 형태가 꽤 그럴 듯하게 나왔다. 옆에서 말을 해주지 않으면 나무로 만든 것인 줄 알 정도로 그 모습이 근사했다.

두 번째는 위치 문제다. 문이 제 자리로 돌아오지 않았다. 그런데 처음에는 사람들이 이 사실을 잘 몰랐던 모양이다. 혹은 광화문을 제자리로 옮기는 과정에서 정확한 측량을 하지 않았는지도 모르겠다. 별 생각 없이 광화문을 총독부 건물의 축에 맞추어 건설했기 때문이다. 그런데 총독부 건물은 근정전과 평행이 아니라 남산 방향으로 조금 틀어져서 건축되어 있었다. 이 때문에 일설에는 총독부가 남산에 있는 조선 신궁을 바라보게끔 건설되었다는 주장이 있다. 행정의 수반이 자신들의 최고신이 있는 곳을 향해 경배하는 모습으로 건축되었다는 것인데 일리가 있는 의견처럼 들린다. 어떻든 광화문을 이 건물의 축과 맞게 건축했으니 광화문의 축이 근정전 축과 틀어지는 것은 당연한 일이었다. 그런 과정에서 광화문은 원래 위치에서 약 11m 동쪽으로 가게 되었고 도로 사정 때문에 다시 안쪽으로 약 15m 들어가 건설되었다.

그런데 총독부 건물[4]이 그곳에 있을 때에는 광화문의 위치가 문제되지 않았던 모양이다. 이것은 이 두 건물의 축이 제대로 맞았기 때문이었을 것이다. 그러다 1995년에 총독부 건물이 철거되고 경복궁 복원 작업이 진행되면서 한국인들은 광화문이 제 위치에 있지 않은 것을 확실하게 알게 되었다. 이것은 광화문의 축이 근정전이나 근정문의 축과 맞지 않는다는 것을 발견한 때문일 것이다. 이전에 총독부 건물이 있을 때에는 그런 것을 느끼지 못했는데 이 방해 건물이 없어지자 문의 위치가 잘못되었다는 것을 확실하게 알 수 있었던 것이리라. 그래서 한국인들은 광화문의 원위치를 찾아주고 싶어 했다. 아울러 한국인들은 문의 위치뿐만 아니라 소재도 원래대로 써서 짓고 싶었을 것

4) 이 건물에는 1986년부터 국립중앙박물관이 들어와 있었다.

이다. 시멘트로 된 문루를 원래대로 목재를 가지고 만들고 싶었을 것이라는 것이다.

그런 생각이 쌓이다 드디어 2006년 광화문의 제 모양과 제 자리 찾기 사업이 시작되었다. 광화문을 원래 위치로 옮겨 세우고 시멘트 문루는 제거하고 전통 양식으로 문루를 건설했다. 그렇게 진행하다 2010년 8월에 '광화문'이라는 현판이 걸리면서 문의 복원 사업이 마무리된다. 이렇게 해서 1927년에 제 자리를 잃은 광화문은 무려 83년 만에 자기 자리로 돌아온 것이다. 참으로 오랜 세월이었는데 그렇다고 광화문을 둘러싼 사안들이 다 해결된 것은 아니었다. 문 앞에 있던 월대가 아직 복원이 되지 않은 것도 미해결 중의 하나라 하겠다. 또 현판을 둘러싸고도 말이 많았다. 글씨의 주인공을 비롯해서 현판의 색깔에 대해 많은 논란이 있었다. 그런가 하면 현판을 건지 몇 달 안 되어서 금이 가는 등 여러 가지 일들이 많았는데 그런 일에 대해서는 거론하지 않겠다. 앞으로 갈 길이 멀어 그런 일에 대해 시시콜콜 이야기하기 시작하면 끝이 없을 것 같아서다.

흥례문 영역에서 조선총독부 건물을 생각하며 이 정도 설명이면 경복궁을 둘러싼 풍수론과 정문인 광화문에 대한 이야기는 대개 한 셈이다. 궁의 주변을 살폈으니 이제 궁으로 들어가자. 표를 매표소에서 사야 하는데 매표소 위치가 마음에 걸린다. 매표소가 있는 공간은 광화문과 흥례문 사이의 공간이니 궁궐의 안이 되는 셈이다. 그러니까 궁궐 안에 매표소를 둔 것인데 사실 이렇게 해서는 안 된다. 어떻게 궁궐 안에 매표소 같은 격에 맞지 않는 건물이 들어설 수 있겠는가? 하기야 궁궐 안에 주차장을 만들어 놓은 것에 비하면 이건 조금 나은 편이라 하겠다. 이른바 동편 주차장이라 불리는 이 경복궁 주차장은 언제 옮길지 기약이 없다.

이런 이야기는 해결이 안 되는 푸념에 불과하니 바로 접는 게 낫겠다. 이곳에 올 때마다 궁금한 것은 이 앞에 보이는 넓은 공간을 과거에 어떤 용도로 썼느냐는 것이다. 혹자는 이 공간을 군사 훈련하는 데 썼다고 하는데 확실한 것은 더 조사해 보아야 한다. 그런가 하면 근정전의 조정 영역에서 조회를 할 때 이 지역처럼 넓은 준비 공간이 필요했을 것이라고 추정해볼 수 있다. 조정에 들어가기 전에 신하들이 이곳에 모여 대열을 가다듬은 다음에 조정 안으로 들어갔을 것이다. 이 같은 여러 가지 용도로 이 공간이 쓰이지 않았을까 하는 생각이다.

이 흥례문 안으로 들어가기 전에 이곳에서 반드시 언급되어야 할 것이 있다. 이 문 자리에 있었던 조선총독부 건

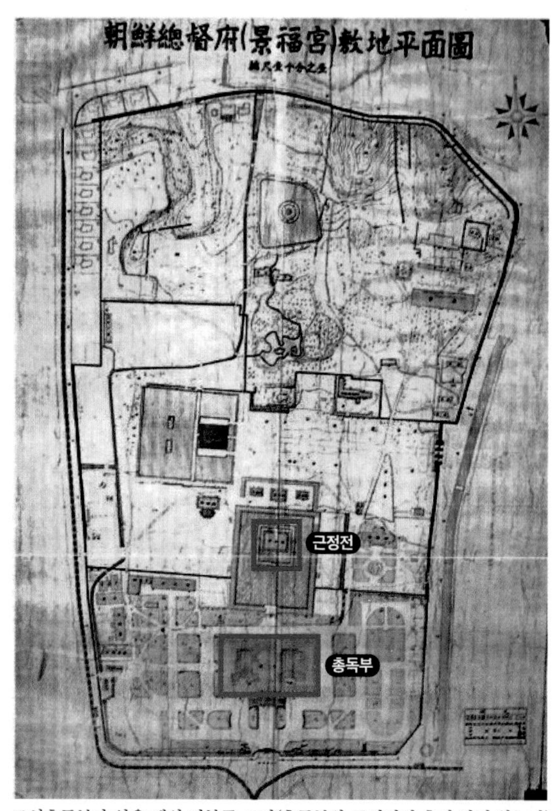

조선총독부가 있을 때의 경복궁 도면(총독부와 근정전의 축이 맞지 않는다)

총독부 건물이 있을 때의 경복궁

물에 대한 것이다. 조선을 병탄한 일제가 1926년에 이 건물을 세웠다는 것은 누구나 아는 사실이다. 그랬다가 해방 뒤에 이 건물은 정부청사(중앙청)로 쓰였다. 그 뒤에 잠시 국립중앙박물관이 된 적도 있었는데 1995년에 마침내 괴멸되는 운명을 맞게 된다. 1995년 즈음에 이 건물을 두고 말이 많았다. 부술 것인가? 그냥 놔둘 것인가 등으로 의견이 양분되었는데 일본 문제만 나오면 감정적이 되는 거개의 한국인들은 부수는 데에 동의를 표했다.

그러나 원론적으로 말한다면 이 건물은 그곳에 두어야 한다. 이유는 간단하다. 그 건물 나름대로의 역사를 갖고 있기 때문이다. 조선총독부로서의 역사도 있지만 대한민국 정부의 선포도 이 건물에서 있었고 그 뒤에 오랜 동안 정부청사로 이용됐기 때문에 이 건물은 매우 유서 깊은 건물이다. 그러니 이런 건물을 보존하지 않으면 어떤 건물을 보존하겠는가? 이 건물을 보존해야 하는 이유는 더 있다. 한국인들은 이 건물을 통해 역사적인 교훈을 얻어야 한다. 한국인들은 이 건물을 보면서 다시는 강제 병탄이라는 치욕적인 역사를 반복하지 않겠다고 이를 갈면서 스스로를 견책해야 한다. 한국인들은 이처럼 이 건물을 통해 엄청난 역사적 교훈을 얻을 수 있다.

그런 여러 이유에서 이 건물은 그 자리에 그냥 두어야 하는데 문제는 그 위치다. 정궁인 경복궁 안에 버티고 있어 궁을 가로 막고 있으니 그냥 두기가 영 불편하다. 그래서 이 건물은 이 자리에서 걷어낼 수밖에 없었다. 제거하기는 하되 차선책으로 이 건물을 옮기는 방법이 있었을 게다. 다른 곳에 옮겨 놓으면 이 건물은 다양한 용도로 쓰일 수 있다. 예를 들어 일제기의 역사를 알게 해주는 박물관으로도 사용할 수 있고 하다못해 영화를 촬영할 때에도 매우 유용하게 활용될 수 있을 것이다. 당시 일본건축학계에서는 이전 비용을 댈 테니 제발 부수지 말아달라고 부탁했다는 풍문도 있었다. 내 입장은 이 건물을 부수어서 내다 버리지 말고 이전하자는 것이었는데 어떤 사람의 말을

조선총독부 사진(1951년)

부숴지는 조선총독부 건물

총독부 건물의 꼭대기 탑첨(독립기념관 소재)

들어보니 이 건물은 이전해서 다시 짓기 힘든 건물이라고 한다. 건물이 콘크리트로 만들어져 있어 그렇다는 것이다. 이 건물은 겉으로 보면 돌 건물 같지만 내부는 콘크리트로 되어 있다고 한다. 그래서 해체했다가 다시 지을 수 없다는 것이다. 사정이 어찌 됐든 어떤 형태로든 이 건물을 이전해 많은 방법으로 활용했으면 했는데 한국인들은 속절없이 부수고 말았다. 이제 이 건물의 잔해는 독립기념관에 가져다 놓은 꼭대기 첨탑밖에 없다.

총독부 건물이 없으면 안내판이라도.. 이렇게 됐으니 이 건물에 대해서는 더 이상 왈가왈부할 게 없다. 그러나 이곳에 가면 아쉬운 것이 있다. 이곳에서 이 건물에 대해 어떤 정보도 얻을 수 없다는 것이다. 내 어줍은 생각인지 몰라도 자라나는 후세들을 위해 이 지역에는 이 건물에 대한 정보를 제공하는 안내판이 있어야 한다. 우리야 이 건물을 수십 년 동안 보고 살았으니 그런 정보가 없어도 다 알지만 1995년 이후에 태어난 친구들은 이 건물을 본 적이 없지 않은가? 그래서 이들이 경복궁에 왔을 때 일본인들이 과거에 조선의 정신을 끊으려는 목적으로 이 총독부 건물을 세웠다고 알려주어야 한다. 당시 일본인들이 조선의 중심 상징인 정궁에 이런 건물을 만들어 놓고 '너희 조선은 이제 완전히 끝났다. 다시는 일어날 생각 말아라'는 강력한 메시지를 조선 사람들에게 전했다는 것을 말해주어야 한다는 것이다. 그래야 다시는 나라 뺏기는 어리석은 일을 당하지 않게 크게 주의할 것 아닌가? 우리는 이런 일을 통해 후손들에게 큰 교훈을 줄 수 있다.

이런 정보는 우리 아이들에게만 유효한 것이 아니다. 아무 것도 모르고 오는 외국인들에게 이런 사실을 알려 과거 일본인들이 얼마나 악독한 식민 지배를 했는지 알려주어야 한다. 그래야 그들이 한국인들은 왜 일본 문제만 나오면 감정적이 되는지 이해할 수 있을 것이다. 내 일본 제자 중에 한 친구가 자신의 모친에게 일제기에 조선의 정궁을 헐고 총독부 건물을 그 안에 세웠다고 알려주었던 모양이다. 그랬더니 모친이 깜짝 놀라더라는 소식을 전해주었다. 어떻게 그렇게 비인도적이고 무식한 일을 자신의 조상들이 했는가 하고 말이다. 일본인들은 그들의 조상이 한국을 지배하면서 나쁜 짓을 얼마나 많이 했는지에 대해 후손들에게 가르치지 않는다. 그러니 그들이 이 사건에 대해 모르고 있는 것은 당연한 일이다.

이런 식으로 우리는 이 지역에서 한국인이든 외국인이든 과거 일본인들이 행사했던 지독한 야만성과 잔인함에 대해 알릴 수 있다. 그런데 한국인들은 일제기 역사를 지우기에 바빠 그런지 그런 데에 관심이 없다. 그리고 가능한 한 그 부끄러운 역사를 외면하려고 하는 것 같다. 마치 그 역사가 없었다는 듯이 말이다. 이와 관련해 재미있는 이야기를 들은 적이 있다. 어떤 젊은 외국인들이 했다는 지적인데 국립중앙박물관을 다 돌아본 그들은 왜 전시가 조선 제국에서 끝나느냐고 하면서 의문을 표했다고 한다. 그래서 무슨 말이냐고 되물으니 그들은 조선 제국 다음에는 일제기가 있는데 왜 이 기간 동안에 대해서는 전시가 없느냐고 다시 물었다.

나는 이 이야기를 듣고 생각해보니 그제야 한국에는 일제기에 대한 박물관이 없음을 깨달았다. 구석기부터 조선

제국까지는 중앙박물관에서 다루고 있는데 그 다음의 역사는 대한민국으로 '점핑'해 대한민국 역사박물관에서 다루고 있다. 그러니 조선과 대한민국 사이에 낀 일제기에 대한 역사와 문화에 대해서는 다루고 있는 곳이 없는 것이다. 이 현상은 왜 생긴 것일까? 그 이유를 생각해보니 한국인들은 이 일제기를 자신들의 역사라고 생각하고 있지 않는 것 같았다. 그 식민지 기간은 치욕적인 역사이니 다시 생각하고 싶지 않을지도 모른다. 그런 생각이 충분히 이해되지만 역사는 외면하면 안 된다. 흑역사도 엄연히 우리의 역사이기 때문에 상세하게 밝혀야 한다. 그래야 반복하지 않을 수 있다.

이처럼 일제기를 부정하고 외면하는 모습은 남산에서도 발견된다. 힐턴 호텔 쪽에서 남산으로 올라가면 안중근 기념관이 나오고 옛 조선 신궁 자리가 나온다. 당시의 것이라고는 계단 이외에 아무것도 남아 있지 않다. 이 계단 중의 하나는 '삼순이 계단'이라는 이름으로 유명한데 이것이 조선 신궁으로 오르는 계단의 실물이라는 것을 아는 사람은 별로 없다. 나는 매일 새벽 그곳을 가기 때문에 이에 대해서는 아주 잘 아는데 여기에는 이곳의 과거 역사에 대해 적어 놓은 안내판이 없다. 일제는 조선을 집어 먹고 정신까지 왜색으로 만들려고 여기에 그들의 최고신인 아마테

라스 오오미카미[天照大神]를 모시는 신궁을 만들었다. 그리고 조선 사람들에게 이 신을 최고의 신으로 받아들이라고 하면서 참배를 강요했다. 너희들은 더 이상 단군의 자손이 아니라 이 신의 자손이라는 것을 받아들이라는 것이다.

이 신궁은 당시 조선 반도 전체에 있는 신사들의 총본부격에 해당되는 것으로 그 중요성은 아무리 강조해도 지나치지 않는다. 그래서 일반 신사와는 격이 다르다. 따라서 당시 한반도에 있는 수많은 신사들에 대해서는 상세하게 알 필요가 없지만 이 신궁에 대해서는 한국인들에게 특별히 알려줄 필요가 있다. 그러니까 조선총독부가 한국인들을 행정적으로 지배하는 관청의 중심이었다면 이 신궁은 한국인들을 정신적으로 지배하려는 시도의 핵심적인 상징이라 할 수 있다. 따라서 남산에 오는 수많은 사람들에게 이곳의 역사를 바로 알리고 다시는 이런 일이 반복되지 않도록 곱씹게 만들어야 한다. 이게 진정한 항일이고 극일인데 한국인들은 이런 현장을 너무나 활용하지 못하고 있다. '위안부' 문제처럼 이런 면도 조명하고 한국인들에게 널리 알려야 하는데 그리 하고 있지 못해 아쉬운 마음이 크다.

이 홍례문 앞에 서면 총독부 건물이 기억에 떠오르고 그와 연관된 여러 일이 생각나 푸념 같은 잡소리를 늘어놓았다. 이제 표를 내고 안으로 들어가는데 이 지역에서 또 마

경복궁 원경

음에 걸리는 것이 있다. 흥례문 좌우에 있는 행랑 담의 색깔이 영 거슬린다. 색이 차분하지 않고 너무 떠 있다. 광화문의 경우에도 그 옆의 돌담의 색깔이 너무 떠서 당최 궁궐의 위엄이 서지 않았는데 여기에서도 같은 일이 반복되고 있는 것이다. 이렇게 보이는 것은 나한테만, 그러니까 쓸 데 없이 예민한 티를 내는 나에게만 일어나는 일인지도 모르겠다. 그러나 어떻든 내 눈에는 이런 건물들이 마땅히 지녀야 할 궁궐의 고색창연함이 보이지 않는다. 새 것 티가 너무 나서 영화세트장 같기만 하다. 나는 이런 일이 왜 생겼는지 잘 모르겠다. 이 담의 색깔이 원래 이러했는지 아니면 복원 작업에서 어떤 잘못이 있었는지 알 수 없다.

그러나 어떻든 궁궐은 이렇게 복원하면 안 된다는 것이 나의 지론이다.

흥례문으로 들어가서 문의 한 가운데에서 정지한 다음 돌아보기를 권한다. 그러면 광화문이 열린 사이로 세종로가 보이는데 썩 광경이 좋다. 이 안은 조선 시대 같은데 저 밖은 큰 길에 자동차가 씽씽 달리는 현대다. 그리고 광화문 광장이 보여 다른 세계를 보는 느낌이 든다. 그 다음에는 다시 뒤로 돌아 근정문과 근정전을 보자. 이 경치도 아주 좋다. 두 문이 프레임 역할을 하기 때문에 그 사이로 보이는 근정전이 매우 아름답다. 사진의 구도를 잘 잡으면 아주 좋은 사진이 나올 수 있다.

조정으로 들어가며

흥례문을 들어서서 잘 알려진 것처럼 흥례문 안의 영역에는 금천(禁川)과 그것을 가로 지르는 영제교가 있다. 이 지역은 조정으로 들어가는 중간 지대이기 때문에 설명할 거리가 많지 않다. 문을 들어서면 바로 경복궁을 소개하는 안내판이 있다. 이 안내판에는 궁 전체 도면이 그려져 있어 이 앞에 모여 그날의 답사에 대해 간략하게 소개해주면

흥례문에서 바라 본 광화문과 그 밖의 풍경

좋다. 아까 매표소가 있는 곳은 사람들이 많아 번잡하기 때문에 조용히 설명할 데가 없다.

이 금천이 갖는 기능은 잘 알려져 있다. 말 그대로 바깥에서 나쁜 기운이 궁으로 들어오는 것을 '금'하기 위해 내[川]를 만든 것이다. 이것 역시 중국의 법도를 따라 만든 것이다. 따라서 같은 것이 북경에 있는 자금성에도 있다. 경복궁과 자금성을 비교해서 보면 경복궁의 흥례문에 해당하는 문은 자금성의 오문(午門)이다. 그런데 이 두 문은 크기가 너무 차이 난다. 아무리 천자와 제후의 차이라 하더라도 오문은 너무 크다. 황제는 이 문에서 외국의 사신들의 배알을 받았다고 하는데 거기서부터 사신들은 주눅

홍례문 원경

금천과 영제교

이 들었을 것 같다. 황제는 저 높은 곳에 있고 그들은 바닥에서 예를 올려야 하니 그때부터 풀이 죽지 않겠는가? 어떻든 이 오문을 통과하면 여기에도 금천이 나오는데 경복궁 것과 '스케일' 상에서 상대가 안 된다. 자금성 것은 흡사 작은 강 같다. 크기도 엄청 크고 길지만 구부러져 있어 강을 연상하게 하는 것이다. 자금성의 금천에는 백옥교라 불리는 다리도 여러 개가 있다. 금천이 길기 때문에 다리도 여러 개를 놓은 것이다. 이에 비해 경복궁 것은 참으로 아담하다. 금천도 작은 규모이고 다리도 하나밖에 없으니 말이다. 이것들이 이렇게 된 것은 모두 국토와 인구에 맞추어 알아서 크기를 조절한 것 아닐까 하는 생각이다.

이 영제교의 좌우에는 상서로운 동물, 즉 서수(瑞獸)인 천록(天祿) 4 마리가 금천을 지키고 있다. 이 동물이 노루를 닮았다느니 혹은 뿔이 하나 있고 비늘이 있다느니 하는 많은 설명들이 있는데 다 너무 번거롭다. 그냥 상상 속의 동물로 궁궐로 들어오는 삿된 기운이나 잡귀들을 막기 위해 만들어 놓았다고만 하면 되겠다. 이 동물 역시 중국의 예를 따른 것일 텐데 중국인들은 상상 속의 동물을 하도 많이 만들어 놓아서 뭐가 뭔지 모를 때가 많다. 또 그 동물들의 특징이 마구 섞여서 구분이 잘 되지 않는 경우도 많다. 이 동물을 소개할 때 내가 빠트리지 않는 것은 이 천록

'메롱'하는 천록

에 대한 사전적인 설명보다 한국인들의 해학성이다. 이 네 마리 중에 한 마리를 보면 사진에 나와 있는 것처럼 혀를 내밀고 있다. 나는 이것을 '메롱' 하면서 보는 사람을 놀리는 듯한 태도로 풀이하는데 내가 맞는지는 모르지만 재미있는 모습이 아닐 수 없다. 이렇게 지엄한 궁궐에 저런 웃기는 동물을 만들어 놓은 것은 한국인들의 해학적인 모습 아니냐는 것이 나의 해석이다. 이런 모습은 이웃 나라인 중국이나 일본에서는 찾기 어렵다.

근정문에서 조정으로! 이 공간에서는 더 이상 볼 게 없으니 근정문으로 가자. 사람들은 이 건물이 문에 불과하다고 생각해 그냥 지나치는 경우가 많은데 그렇지 않다. 잘 알려지지 않았지만 이 건물은 보물(812호)이다. 문이 보물인 경우는 흔치 않다. 이에 버금가는 예로 창덕궁의 정문인 돈화문을 들 수 있을 것이다. 또 경복궁에서 멀지 않은 곳에 있는 사직단에도 정문이 있는데 이 문이 보물(177호)이라는 것을 아는 사람은 많지 않다. 근정문이 보물이 된 것은 궁궐 정전의 남문 가운데 유일하게 2층 건물이라 그리된 것 같다. 물론 임진왜란으로 소실되었다가 1860대 중반에 경복궁을 중건할 때 다시 지은 것이다.

우리는 이 문을 들어갈 때 별 생각 없이 3개의 문 가운데 오른쪽 문으로 들어간다. 그런데 이 세 문들은 왕이나 그에 버금가는 사람들이나 들어가는 문이지 일반 관리들은 다닐 수 없는 문이라는 것을 알아야 한다. 그 가운데에서도 왕은 중앙 문을 통해서만 들어갔다. 그래서 그런지 지금도 가운데 문은 관람객들이 들어가지 못하게 막아놓고 있다. 왕은 그 문을 지나 어도를 따라 근정전으로 향했을 것이다. 그런데 이 세 문의 양쪽을 보면 작은 문이 있는 것을 알 수 있다. 오른쪽에 있는 것이 일화문이고 왼쪽에 있는 것이 월화문인데 각각 문반 관리와 무반 관리들이 출입하는 문이라고 한다. 그러니까 조정에서 행사가 있을 때 참석자들이 홍례문 앞 광장에서 대기하고 있다가 이 문으로 들어간 것이다. 조정에서 큰 행사가 있으면 많은 관리와 군인들이 참여했을 텐데 그 사람들이 이 문으로 들어가는 모습이 눈에 선하다.

이 문과 관련해서 또 알아두어야 할 것은 왕의 즉위식과 관계된 것이다. 어떤 TV 드라마를 보면 왕이 즉위식을 할 때 왕비와 함께 조정의 어도를 걸어 들어가 정전에서 식을 거행하는 것으로 나오는데 그것은 사실이 아니다. 즉위하는 왕 중에는 바로 이 근정문(혹은 창덕궁의 인정문)에서 임금의 도장인 대보(大寶)를 받고 근정전으로 가마를 타고 가는 경우가 있었다. 그리곤 근정전에서 신하들의 하례를 받고 즉위고서를 반포한다. 그러니까 이 문은 그냥 통과하는 문이 아니라 임금을 상징하는 도장을 받는 자리이니 대단히 비중 있는 장소라 할 수 있다.

근정전이 가장 아름답게 보이는 자리에서 이 문에서는 이 정도 설명이면 됐고 다음 장소로 가야 하는데 사람들은 보통 여기에서 바로 근정전으로 곧장 간다. 그러나 근정전으로 가기 전에 반드시 들려야 할 곳이 있다. 그곳은 이 근정전을 가장 아름답게 볼 수 있는 곳으로 이 문에서 오른쪽으로 꺾어 행랑 혹은 행각을 따라 맨 끝 모서리까지 가야 한다. 조정을 감싸고 있는 건물은 보통 행랑이라 불리는데

월화문

근정문 원경

정확히 말하면 행각이라고 해야 한다. 만일 기둥과 지붕만 있고 사방이 막혀 있지 않으면 행랑이라고 하는 게 맞지만 이곳처럼 한 면이 막혀 있으면 행각(行閣)이라고 해야 한다고 한다.

어떻든 그 모서리에서 보면 근정전을 45도 각도에서 볼 수 있는데 이 건물은 이렇게 보는 게 가장 좋다. 처마의 유려한 곡선이 양쪽으로 뻗어 있어 늘씬하기 짝이 없다. 그리고 뒤에 있는 백악산과 적절히 겹쳐 있어 더 더욱 보기 좋다. 한옥은 이렇게 자연과 같이 보아야 그 고운 자태가 나오는데 이것 역시 풍수론을 따른 결과라 할 수 있다. 여기서 조금 더 욕심을 부리면 90도 꺾인 행각의 지붕을 프

45도 각도에서 바라본 근정전

근정전 행각

서울 남산과 조선 신궁 원경(서울역사박물관 제공)

표참도 계단에서 바라본 신궁 입구(서울역사박물관 제공)

레임 삼아 찍으면 더 멋진 광경이 연출된다. 여기에는 이 외에도 사진을 멋지게 찍을 수 있는 지점이 많다. 이곳에 가면 여러 각도에서 사진을 찍어보고 그 경치를 감상하면 좋겠다.

그렇게 사진을 찍고 이 행각을 살펴보면 공간이 상당히 넓은 것을 알 수 있다. 깊이가 2칸으로 되어 있어 공간이 한결 크게 보이는 것이다. 원래는 1칸이었는데 대원군이 복원할 때 2칸으로 만들었다고 한다. 그런데 재미있는 것은 주춧돌이 한 줄은 원 모양으로 되어 있고 또 한 줄은 사각형 모양으로 되어 있다. 그것을 두고 어떤 사람은 이것이 각각 천원지방(天圓地方), 즉 하늘은 둥글고 땅은 네모나다는 것을 상징한다고 하는데 정말로 이것을 만들 때 그런 생각으로 했는지 어떤지는 잘 모르겠다. 그런 것보다 더 궁금한 것은 이 공간의 용도이다. 그것을 알려면 이 기둥들을 보면 된다. 기둥에는 칸막이를 끼어 넣었던 흔적이 남아 있는데 이곳은 칸을 막아 사무실을 만드는 등 필요에 따라 쓰였을 것이다.

조정에 깔린 박석 위를 걸으며 이곳에서 충분히 근정전의 원경을 즐기고 나면 근정전 내부를 보기 위해 조정을 대각선으로 가로 질러 가자. 그 거리야 몇 십 미터밖에 되지 않

박석이 깔린 조정

지만 근정전까지 가면서도 중간 중간에 이야기할 거리가 많다. 우선 이 조정이라는 공간이다. 이 공간은 한 달에 두세 번 있는 정기 회의나 외국에서 사신이 왔을 때, 혹은 왕실에 큰 행사가 있을 때만 쓰는 특수한 공간이라 할 수 있다. 그런데 이 공간에 대해 항상 드는 의문은 이 안에서 사람들이 의사소통을 어떻게 했느냐는 것이다. 당시에는 당연히 앰프나 마이크가 없을 터인데 용상에 있는 왕의 말이 어떻게 저 뒤에 있는 종 9품 관리에게까지 전달되었는지 여간 궁금한 게 아니다.

이 조정에는 사진에 보이는 것처럼 박석(薄石)이 깔려 있다. 이 돌은 그 표면이 매우 거친데 흡사 자연석을 그냥 가져다 쓴 것 같은 느낌이다. 물론 자연석은 아니고 어느 정도 가공을 했는데 그 겉면이 거칠기 짝이 없다. 돌을 이렇게 가공한 데에 대해서는 설이 많다. 햇빛이 비쳐 반사되는 것을 막으려 했다느니 혹은 신하들로 하여금 밑을 보고 걷게 해서 경건한 태도를 유지하게 했다느니 하는 것이 그것이다. 다 일리 있는 말이다. 이 박석은 여기뿐만 아니라 근정전 바로 앞에도 깔려 있는데 이걸 볼 때마다 지엄한 궁궐에 이런 거친 돌을 깔아 놓은 나라가 또 있을까 하는 생각이 들곤 했다. 다른 나라는 몰라도 내가 다녀본 중국이나 일본의 궁궐에서는 이런 유의 돌을 보지 못했다.

만일 박석이 위와 같은 용도로만 쓰였다면 다른 나라의 궁궐에서도 박석을 써야 할 것이다. 다시 말해 일본이나 중국의 궁궐에서도 같은 효과를 내기 위해 이런 식의 돌을 써야 한다는 것이다. 그런데 이 두 나라에서는 그렇게 하지 않았다. 그 이유는 무엇일까? 이를 추정할 수 있는 단서를 제공하는 작은 예가 있다. 창덕궁의 정전인 인정전으로 가보자. 그 앞에도 조정이 있다. 그런데 이곳에 깔린 돌을 보면 경복궁처럼 박석으로 되어 있지 않은 것을 알 수 있다. 대신 잘 다듬어진 화강석이 깔려 있다. 왜 이렇게 되었을까? 이것은 1970년대에 한국 정부가 한 일이다. 일제기에는 일본인들이 이곳에 있던 박석을 걷어내고 잔디를 입혔다고 한다. 해방 후에 이것을 못마땅하게 생각한 한국인들이 잔디를 없애고 이런 돌을 깔아 놓은 것이다. 당시에 관리들은 이 박석의 의미를 잘 몰랐던 모양이다. 하기야 당시 한국인들이 지녔던 문화 수준은 '안 봐도 비디오'니 이런 일이 충분히 있을 수 있다. 이런 예를 통해 보면 근정전 조정에 있는 박석에는 조선 사람들의 미학이 반영되었을 것이라는 의견을 조심스럽게 개진해본다. 자연스럽거나 가공되지 않은 것을 좋아하는 조선 사람들의 생각이 반영된 것 아니냐는 것이다. 다시 말해 이 박석은 사람의 손이 덜 가는 것을 좋아하는 조선 사람들에게 어울리는 돌이라는 것이다.

이렇게 자연스러운 것을 좋아하는 조선 사람들의 모습은 이 공간의 하수 체제에서도 발견된다. 이 조정에 오는 사람들이 잘 눈치 채지 못하는 것이 하나 있다. 그것은 이 넓은 공간에 비가 오면 물을 어떻게 빼느냐, 즉 하수 처리를 어떻게 하느냐는 것이다. 하수 처리를 잘못하면 물이 중간 중간에 고여 불편하기 짝이 없을 것이다. 전문가에 따르면 이 공간의 하수 체제는 인위적으로 처리하지 않고 자연적인 체제로 만들었다고 한다. 구체적으로 어떻게 한 것일까? 이 공간의 남쪽 단을 북쪽 단보다 약 1미터 정도 낮게 만들어 물이 자연스럽게 밑으로 흘러가게 만든 것이 그것이다. 별다른 장치를 하지 않고도 하수 문제를 처리한 것이다. 여기서도 우리는 자연적인 원리를 중시한 조상들의 지혜를 새삼 느끼게 된다.

이런 이야기를 하면서 우리는 연신 밑을 보고 걸어야 한다. 그렇지 않으면 돌에 걸려 넘어지기 십상이다. 사정이 이러하니 거친 돌을 깐 이유를 다시 한 번 절감하게 된다. 머리를 들지 말고 가라는 것이다. 근정전으로 올라가는 계단에 가까이 오면 품계석을 만나게 되는데 이 돌이 의미하는 것은 너무나도 잘 알려져 있으니 더 말할 필요가 없겠다. 그런데 재미있는 것은 2품 품계석 근처에 웬 쇠고리 하나가 땅에 박혀 있다는 것이다. 답사 시 같이 간 사람들에게 이것을 보여주고 농담 삼아 '이 고리는 일제가 조선의 맥을 끊기 위해 궁궐에 박아 놓은 쇠말뚝'이라고 하면 다들 '아하' 하면서 고개를 끄덕인다. 물론 농담이다. 지난 역사에서 나쁜 것은 무조건 일본인들이 했다고 하면 다 통하기에 나도 한 번 장난질을 쳐본 것이다.

이 고리는 해를 가리는 차일(遮日)을 고정하기 위해 끈을 묶을 때 쓰는 것이다. 쉽게 말해 천막을 칠 때 끈을 묶는 곳이라는 것이다. 그런데 이 고리가 종2품 석과 종3품 석 사이에 있는 것으로 보아 차일은 정3품 이상의 관리를 일컫는 당상관들만을 위해 쳐 놓았던 것 같다. 당상관 이

차일 고정 고리

상이면 직급도 높지만 나이도 많아 그들을 배려해서 만들어 놓은 것 같다. 하기야 여름에 해가 작렬하면 바닥은 돌로 되어 있고 아무 것도 없는 조정이라는 큰 공간에서 노인들이 장 시간 서서 버티는 일은 쉽지 않았을 것이다. 그래서 이곳에 오면 '억울하면 출세하라'는 말이 저절로 생각난다. 그런데 그 출세도 당상관 정도는 되어야 하니 적당히 해서는 안 되겠다. 그 정도는 되어야 조회를 할 때 그늘에 들어갈 수 있으니 말이다.

어계를 올라 월대로 근정전에는 두 단으로 된 월대가 있고 그 월대 위에는 난간이 있다. 조선은 제후국이라 북경

임금만이 지날 수 있는 답도

의 자금성처럼 월대를 3단으로 만들지 않았다는 것은 잘 알려진 상식이다. 이에 비해 창덕궁의 인정전은 월대는 경복궁처럼 2단이나 난간이 없다. 이궁(離宮)이라 격을 조금 낮추어 만든 모양이다.

이제 우리는 계단을 통해 근정전으로 가는데 이 계단을 보면 세 부분으로 나뉘어 있는 것을 알 수 있다. 그 중에 가운데 계단이 임금이 가마를 타고 올라가는 답도(踏道)다. 가운데에 임금을 상징하는 봉황이 조각되어 있고 각 계단에는 구름무늬가 조각되어 있다. 이것은 구름 위에서 노니는 봉황을 그린 것인데 왕을 이렇게 비유한 것일 것이다. 구름 위처럼 세상 위에 존재하는 이가 왕이라는 것이고 봉

월대에 있는 많은 동물 상

월대의 동물상은 민화를 닮았다.

황처럼 온갖 장점만 가진 이상적인 새 같은 존재가 왕이 라는 것을 의미하는 것일 게다. 그래서 이 문양은 왕밖에는 쓸 수 없는데 만일 이런 문양이 있는 사물이 있다면 그것은 왕과 관계된 것이라고 보면 된다. 그런데 여기서 주의해야 할 것은 왕은 이 위를 가마를 타고 간다는 것이다. TV 사극을 보면 왕이 조정을 걸어가는 장면이 가끔 나오는데 그것은 있을 수 없는 일이다. 왕은 지엄한 존재라 그렇게 자신을 노출하면서 다니면 안 된다. 또 이런 공식적인 장소에서 손수 걸어 다니는 것도 안 된다. 따라서 여기서도 왕은 가마를 타고 근정전 앞까지 가야 한다.

우리는 답도를 걸을 수 없다. 임금만을 위한 길이기에 사람들이 올라가지 못하게 막아놓았기 때문이다. 이렇게 중요한 유물을 보호하는 것은 당연한 일이다. 우리는 옆의 계단을 통해 상월대로 올라가는데 하월대나 상월대에서 우리가 주의 깊게 보아야 할 것은 난간에 조각되어 있는 동물 상이다. 여기에는 동서남북 4방향에 각각 청룡, 백호, 주작, 현무를 조각해 놓았고 또 12간지를 상징하는 동물들을 방향에 맞게 조각해 놓았다(그런데 개와 돼지 상은 보이지 않는다). 중앙을 대표하고 왕을 상징하는 황룡은 근정전 천장에 조각되어 있다는 사실을 잊어서는 안 되겠다. 이 동물상들은 우리에게 많은 것을 설명하고 있다.

이러한 배치는 무엇을 상징하는 것일까? 여기에 매우 심오한 상징성이 있는 것을 알 수 있는데 우선 사신(四神)이 지키고 있는 동서남북이라는 것은 무엇을 말하는 것일까? 바로 공간을 말한다. 그런가 하면 하루의 시간을 12개로 나누는 12간지는 시간을 상징한다. 그런데 왕은 그 정 가운데에 있다. 이것은 무엇을 말하는 것일까? 왕은 공간과 시간의 중심에 있는, 혹은 공간과 시간을 지배하는 지극히 존귀한 존재라는 뜻이다. 다시 말해 지존이라는 것이다. 이 세상을 둘로 나눈다면 공간과 시간이라 할 수 있는데 왕은 그 중심 혹은 그 위에 존재하니 얼마나 존귀한 존재인지 알 수 있을 것이다.

그 다음에 할 것은 이 동물상을 감상하는 것이다. 내가 보기에 이 동물상들은 조선의 마음을 대변하고 있는 것 같다. 착하고 다정하고 무던하고 구수한 마음 말이다. 이들을 보고 있으면 흡사 민화를 보는 느낌이 든다. 민화에 이런 존재들이 많이 등장하기 때문이다. 사실 동물들의 이런 모습은 궁궐과 어울리지 않는다. 궁궐은 가장 중요하고 높은 곳이라 상층의 예술과 기술로 만들어야 한다. 궁궐에서는 무엇을 만들던 지극히 정교한 솜씨로 만들어야 한다는 것이다. 그런데 궁궐에다가 이처럼 기층의 미의식으로 조각된 동물상을 가져다 놓은 것은 대단히 파격적이다. 또 반복되는 말이지만 일본이나 중국의 궁궐에서는 결코 발견할 수 없는 작품이라고 하겠다. 이 두 나라의 궁궐에는 대단히 정교하고 빈틈없는 작품들이 주류를 이루기 때문에 경복궁에서 발견되는 민예적인 작품을 본 적이 없는 것 같다. 근정전의 동물상들을 보면 조선 민예가 갖고 있는 해학 혹은 익살의 정신이 만개한 것 같은 느낌을 받는다.

경복궁의 정전, 근정전과 그 주변

근정전, 조선 최고의 건물 앞에서 우리는 근정전을 너무 쉽게 접할 수 있어 잘 모르고 있는데 이 건물은 한반도에 있는 전통 건물 가운데 가장 훌륭한 건물이라 할 수 있다. 물론 국보(제223호)로 지정되어 있지만 여느 국보와도 다르다. 내가 이렇게 말하는 이유는 사람들이 잘못 알고 있는 정보가 있는 것 같아서다. 사람들은, 특히 건축 전문가들은 한국에서 가장 아름다운 전통 건축물로 부석사의 무량수전을 꼽는 것 같다. 물론 무량수전은 건물 자체로는 아주 비례가 잘 갖추어진 수작이다. 참으로 잘 만든 건물이라는 것이다. 그러나 감히 말하건대 미학적으로 볼 때 무량수전은 심대한 약점을 갖고 있다. 어떤 약점일까? 지붕의 네 모서리를 지지하고 있는 나무, 즉 지지목이 그것이다. 어떤 건물에 이 같은 지지목이 들어가는 순간 그 건물의 미학적 가치는 크게 추락하고 만다. 이것은 당연한 것 아니겠는가? 아름다움이 현저히 떨어지기 때문이다.

그러면 왜 무량수전에는 미를 해치는 이 지지목이 들어간 것일까? 지붕을 멋지게 보이기 위해서는 사래라 불리는 처마 모서리의 서까래가 밖으로 많이 뻗어 나와야 한다. 흡사 제비 꼬리처럼 말이다. 사래가 밖으로 많이 뻗어

부석사 무량수전

나오게 하려면 처마에 긴 나무를 써야 하고 그것이 밑으로 붕괴되지 않게 나름의 장치를 해야 한다. 그런데 문제는 그렇게 할 경우 비용이 많이 들어간다는 것이다. 그러면 돈이 부족한 경우에는 어떻게 해야 할까? 그럴 경우에는 고육지책으로 처마의 모서리에 볼썽 사나운 지지대를 세우는 방법을 쓴다. 처마 모서리를 밖으로 많이 빼서 집을 멋있고 유려하게 짓고 싶지만 돈이 없는 경우에는 이렇게 지지대를 쓰는 것이다. 그렇게 보면 무량수전은 돈이 부족해 그런 식으로 지은 것을 알 수 있다. 그래도 그 건물이 아름다운 것은 고려의 미감각이 워낙 뛰어났기 때문이다.

이런 생각을 갖고 근정전을 보자. 이 건물은 처마 모서리가 한껏 밖으로 뻗었다. 그래서 유려하기 짝이 없다. 그런데 어떤 지지대도 없다. 밖으로 힘차게 뻗은 사래를 지탱할 수 있는 장치를 잘 만들어놓았기 때문이다. 이것은 비용을 많이 들였다는 것인데 이 건물은 조선에서 가장 중요한 건물이니 이런 건물을 지을 때 조선 정부가 돈을 아낄 이유가 없었을 것이다. 그런 의미에서 이 건물은 전통 한옥 가운데 가장 아름답고 웅장한 건물이라는 것이다. 특히 처마 모서리 부분을 바로 밑에서 보면 사진에서 보는 것처럼 단청과 함께 그 모습이 아름답기 짝이 없다. 이곳에 가면 꼭 그 각도에서 보면 좋겠다.

이 건물은 이런 시각에서 크게 본 다음 나머지는 세부적인 것 몇 가지만 더 보면 되겠다. 이 건물은 잘 알려져 있는 것처럼 외견상으로는 2층이지만 안은 1층으로 되어 있다. 그래서 안을 보면 장대한 기둥이 건물을 버티고 있다. 내가 알기로 이 기둥들은 통나무로 되어 있다. 그러니까 중간에 두 개의 나무를 붙여서 기둥을 만든 것이 아니라 긴 나무 하나를 통째로 쓴다는 것이다. 그런데 이런 나무들을 찾는 일이 그리 쉽지 않을 것이다. 이전에는 그래도 경상북도 봉화나 안면도 같은 곳에 이렇게 길고 곧게 뻗은 (금강)소나무가 있었지만 지금은 없을 게다. 이 기둥들이 받는 하중은 대단할 것이다. 따라서 통나무를 써야지 중간

근정전 처마 모서리

에 다른 나무와 붙이면 그 하중을 견디기 힘들 것이다.

한옥은 지붕에 흙을 넣기 때문에 지붕이 대단히 무겁다. 그래서 이것을 줄이려고 흙 대신에 덧집을 썼다는 우리 시대의 대목장인 신응수 씨의 증언도 있었다.[5] 덧집을 만들어 기와를 받치면 훨씬 더 오래 가는 구조를 만들 수 있다는 것이다. 그런데도 2017년에 어떤 국회의원이 지적한 것을 보면 근정전을 받치는 이 기둥들이 약 16cm 정도 휘어 있었다고 한다.[6] 그만큼 하중을 많이 받았던 것이다. 이 건물이 보기는 참으로 좋은데 이런 멋진 모습을 유지하기가 쉽지 않은 것이다.

용상을 바라보며 이 방 안에서 가장 주의 깊게 볼 것은 왕이 앉는 용상일 것이다. 이 용상 위를 보면 닫집이 있는 것을 알 수 있다. 이것은 절의 대웅전에도 있는데 불상 위에도 이것과 같은 것이 있다. 이 닫집이라는 것이 무엇일까? 간단하게 집 안의 집이라고 이해하면 된다. 왕이나 붓다만을 위해서 집을 하나 더 지은 것이다. 그들은 존귀한 존재이기 때문에 그들을 위해 또 다른 집을 지어 준 것이

5) 신응수(2002), 『천년 궁궐을 짓는다』, 김영사, p. 81.

6) 연합뉴스, 2017년 10월 15일 자

다. 절의 대웅전의 경우에 신도들이 있는 공간은 예배 공간이기 때문에 그 공간과 붓다의 공간을 구별하기 위해 집을 하나 더 만들었다. 왕의 경우도 마찬가지다. 용상 밑에 있는 신하들과 구별하기 위해 왕만을 위한 집을 하나 더 지은 것이다.

용상 뒤에는 왕을 상징하는 일월오악도가 있다. 왕이 있는 곳에는 항상 이 그림이 있어야 한다. 만일 어떤 그림에 의자가 놓여 있고 그 뒤에 이 그림이 있으면 그 자리는 왕의 자리를 의미한다. 꼭 같은 것은 아니지만 청와대에 대통령을 상징하는 봉황 휘장이 있는 것이나 미국 대통령 집무실에 독수리 그림이 있는 것과 비슷하다 하겠다. 이 그림은 무엇을 상징하는 것일까? 하늘을 상징하는 해와 달, 땅을 상징하는 오악(五岳)[7], 그리고 물을 상징하는 바다와 강 등 천하의 모든 것을 담은 것으로 이해하면 되겠다. 왕이 그 가운데에 서게 되면 그는 천하의 중심에 있는 것이고 그에 따라서 천하의 주인이 된다. 이 그림의 주된 목적은 그것을 알리는 것이라 하겠다. 그런데 이 그림은 한국에서만 발견된다고 하는데 이 그림의 기원에 대해서는 대체로 『시경(詩經)』 "소아(小雅)"편에 실린 '천보(天保)' 시

7) 오악은 백두, 묘향, 금강, 삼각, 지리산을 말한다.

근정전 닫집

(詩)에 거론된 '천보구여(天保九如)'의 내용을 반영한 것이라는 견해가 지배적이다. 이 시에는 아홉 가지 사물, 즉 산, 언덕, 산등성이, 큰 언덕, 남산, 하늘, 달, 해, 송백이 거론되어 있는데 이 그림에 이것들이 모두 표현되어 있다는 것이다.[8]

그런데 이 용상을 보면 항상 드는 의문이 있다. 왕이 용상에 오를 때 어떤 방법을 취했을까 하는 것이다. 그러니까 어떤 동선으로 갔느냐는 것이다. 창덕궁의 경우에는 확실하다. 인정전 옆으로 회랑이 있으니 왕은 그것을 통해

8) 네이버 지식백과, "일월오봉도(日月五峯圖)" 조.

부시와 기둥 위에 있는 꼬챙이(새가 앉지 못하게 하는 장치)

정전 안으로 들어갔을 것이다. 그에 비해 근정전의 경우에는 방금 전에 본 일월오악도에 문이 있어 그것을 통해 들어온다는 설이 있었다. 그러니까 근정전의 뒷면에 문이 있고 왕이 사정전이나 강녕전에서 올 때에 이 문을 통해 들어와 오봉도에 있는 문을 열고 들어온다는 것이다. 왕은 신적인 존재이기 때문에 가능한 한 다른 사람들의 눈에 띠지 않고 나타나야 하는데 그렇게 하기 위해서는 이 방법이 최고라는 것이다.

일리가 있는 말이지만 왕이 뒷문으로 들어오고 병풍에나 있는 문을 통해 들어오는 것은 품위에 맞지 않을 것 같다는 생각도 든다. 그렇지 않고 왕이 만일 용상에 있는 계단으로 오른다면 어떤 계단으로 올라갔고 올라갈 때에는 구체적으로 어떻게 올라갔는지 궁금하다. 그런데 그 계단은 조금 가팔라 곤룡포라는 큰 옷을 입고 올라가기에는 위험하지 않았을까 하는 의문도 든다. 왕은 이 계단을 오를 때 혼자 올라갔을까? 또 내려올 때는 어떻게 했을까? 올라가는 것보다 내려오는 것이 더 힘들 텐데 이때 어떻게 했는지 궁금하기 짝이 없다. 이런 일상적이면서 자질구레한 의문을 답해줄 자료나 사람을 찾아보는데 선뜻 나타나지 않는다.

근정전 뒷문

건물을 돌아보며 이 정도로 이 건물의 내부를 보고 난 다음 머리를 들어 처마 밑을 보면 그물이 쳐져 있는 것을 발견할 수 있다. 이 그물의 이름이 '부시'고 그 쓰임새가 새나 곤충들이 앉는 것을 막기 위함이라는 것은 잘 알려져 있다. 이런 건물은 지엄한 건물이라 새나 벌 같은 곤충들이 집을 짓거나 배설물로 더럽히는 것을 용납할 수 없었을 것이다. 이 그물의 용도는 그것에만 그치는 것이 아니다. 경제적인 이유도 있다. 이 처마에는 다 아는 것처럼 단청이 그려져 있다. 그런데 이 단청을 그리는 일은 대단히 비용이 많이 들어가는 작업이다. 그러니 자주 그릴 수 없었을 것이다. 사정이 이러한데 여기다 새나 곤충들이 배설물을 갈기면 아주 곤란해진다. 단청을 다시 그리자니 쉬운 일이 아니고 그냥 방치하자니 건물의 격이 떨어지고 양자 간에 어느 것도 택할 수 없는 곤란에 빠지는 것이다. 따라서 이렇게 그물을 쳐서 이 단청을 새나 곤충으로부터 보호하는 것이다.

이제 이 건물을 오른쪽으로 한 바퀴 돌아서 가자. 이렇게 하는 것은 천장에 조각되어 있는 황룡을 보고 뒷문을 확인하기 위함이다. 이 건물의 양쪽 창을 통해 올려다보면 용이 보이는데 이 용의 발톱이 7개라 칠조룡이라 불린다느니 하는 것 등은 그다지 중요한 것이 아니니 그냥 지나치자. 그런데 이 용과 관련해 석연치 않은 점이 있다. 보통 황제를 상징하는 용도 발톱이 5개에 지나지 않는데 여기에 갑자기 발톱이 7개인 용이 나타나니 이상하다는 것이다. 이 점에 대해서는 아직 확실한 견해는 없는 실정이다. 그 점을 생각하면서 건물 뒷면으로 가면 건물 한 가운데에 앞에서 말한 것처럼 문이 있는 것을 발견할 수 있다. 언뜻 보면 창처럼 보이지만 다른 창과는 달리 문고리가 달려 있는 것을 알 수 있다. 이 문고리로 문을 열고 안으로 들어가는 것이다. 이 문 앞쪽으로는 사정전이 있는데 왕이 이 사정전에서 근정전으로 올 때에 정말로 이 문을 통해 근정전으로 들어갔을까 하는 것은 여전히 의문으로 남는다.

그런 의문을 갖고 경회루 쪽으로 가보자. 그리로 가기 위해 근정전 서쪽 계단으로 내려가다 보면 '드므'라는 이름의, 물이 담겨 있는 솥이 나온다. 이 솥의 용도는 잘 알려져 있지만 자못 주술적이라 그 앞에 갈 때마다 그 내용이 상기되어 재미있다. 왜 재미있다는 것일까? 이 솥은 불이 났을 때를 대비해서 갖다 놓은 것인데 발상이 코믹하다. 불을 몰고 온 화마가 여기까지 와서 근정전을 태우려다 자기 얼굴을 이 솥에 있는 물에 비춰본단다. 그러면 그 모습이 너무나 무서워 놀라 달아난다고 한다. 자기 모습에 자기가 놀라는 것이다. 이것은 매우 유치한 발상 같지만 궁궐은 한 번 불이 나면 걷잡을 수 없이 번져 그게 무서운 나머지 이렇게라도 한 것이리라. 그런데 저 솥을 가져다 놓은 사람이 이런 처방이 진짜 효력을 발생하리라고 믿었는지 궁금하다. 또 다른 궁금증을 남기고 우리는 한 계단 더 내려가 경회루 쪽으로 가자. 이 조정을 벗어나자는 것이다. 그러면 우리가 먼저 만나는 건물은 경회루가 아니라 수정전이다.

경회루를 가다 수정전 앞에 서서 경회루를 보기 전에 우리는 수정전에 대해 잠깐 언급해야 한다. 이 건물은 '전(殿)'으로 되어 있으니 왕과 관계된 건물임을 알 수 있다. 고종은 이곳에서 여러 가지 주요한 일을 처리했다고 하는데 그 때문에 '전'이라 불린 것이리라. 게다가 지붕에는 용마루가 있고 월대까지 있으니 대단히 격이 높은 건물인 것을 알 수 있다. 이 건물은 다른 건물들과 마찬가지로 고종 때 복원되었고 보물(제1760호)로 지정되어 있다. 정면이 10칸이나 되니 대단히 큰 건물이라 할 수 있는데 궁 내에 이런 건물이 많지 않아 보물로 지정된 모양이다.

이 건물은 독특한 난방법이 적용되어 있어 주목을 받는다. 마루 온돌이라는 것인데 이것은 구들장 위에 마루를 깔아 바닥을 데우는 방법이다. 마루 온돌을 어떻게 만드는지는 전문적인 영역이라 확실히 알지 못하지만 이 온방법은 대단히 발전된 온방법이라고 한다. 그것은 이 온방법이 보통의 온돌 온방법이 갖고 있는 약점을 해소하기 때문이란다. 일반적인 온돌이 갖고 있는 가장 큰 문제는 구들을 제대로 깔지 않으면 바닥이 골고루 따뜻하게 되지 않는다는 데에 있다. 구들을 잘못 깔면 아궁이에 가까이 있는 아랫목은 '설설' 끓는데 굴뚝에 가까운 윗목은 차디차게 된다. 이것을 해결하고자 마루 온돌법은 구들 위에 마루를 깔아서 따뜻한 기운이 마루 전체에 퍼지게 만든 것이다. 그러나 이렇게 하기 위해서는 상당한 기술이 필요할 것이다. 마루는 나무이고 그 밑에는 불과 뜨거운 돌이 있으니 잘못하면 마루가 탈 수도 있을 텐데 이것을 해결하는 방법은 쉽지 않았을 것이다. 어떻든 이 집이 보물로 지정된 데에는 이러한 독특한 온방법이 적용되고 있는 건물이라는 데에서도 찾을 수 있을 것이다.

우리가 이 건물에 와서 이보다 더 중요하게 생각해야 할 것이 있다. 잘 알려진 대로 원래 여기에 있던 건물은 세종대에는 집현전으로 쓰였다. 집현전은 한 마디로 말해 왕의 '싱크탱크', 즉 연구소라 할 수 있다. 조선의 왕들을 살펴보면 가장 훌륭한 왕은 이 싱크탱크를 갖고 있었을 뿐만 아니라 잘 활용했다. 세종이 그렇고 규장각이라는 연구소를 갖고 있던 정조가 그렇다. 다른 왕의 시대에도 이 같은 연구소가 있었지만 그것을 잘 활용한 임금으로 세종과 정조를 드는 데에 주저할 필요가 없을 것이다. 왕이 정치를 잘하려면 그 나라에서 제일 영민한 현인들의 통합된 지성에 귀를 기울여야 한다. 그래야 어떤 현안에서든 최고의 답을 얻을 수 있다. 이러한 관점에서 보면 뛰어난 왕은 똑똑한 참모를 많이 거느리고 그들의 의견을 총체적으로 수렴할 수 있는 사람이라고 하겠다. 세종은 바로 이것을 제대로 실현한 왕이었다고 할 수 있다. 이 건물 앞에 오면 이 점을 다시 한 번 되뇌어야 한다.

수정전 앞에서 다시 생각해보는 한글의 창제　세종이 한글을 창제했다는 것은 모르는 사람이 없을 것이다. 그런데 이 역사적 사건에 대해 잘못 알려진 사실이 있다. 이 오류가 한국사 교과서에도 버젓이 실려 있어 문제가 심각하다. 이것은 세종이 집현전 학사들과 같이 한글을 만들었다는 잘못된 역사적 사실을 말한다. 이 때문에 대부분의 한국인들은 한글 창제는 세종이 주도했지만 집현전 학사들도 이 작업에 동참했다고 알고 있다. 그러나 이것은 사실이 아니다. 세종은 한글 창제를 철저하게 비밀리에 진행했다. 만일 세종이 이 기획을 공개적으로 진행했다면 어떤 일이 벌어졌을까? 아마도 중화중심적 세계관에 물든 신하들이 벌떼처럼 달려 들어 세종을 뜯어 말렸을 것이다. 그래서 결국 세종으로 하여금 한글을 만드는 일을 포기하게 만들었을 것이다. 이렇게 생각할 수 있는 이유는 무엇일까? 간단하다. 이때의 유신들은 다음과 같은 세계관을 갖고 있었기 때문이다. 즉, 자신들은 유일한 문명 글자인 한자를 쓰는 문명인인데 족보도 없는 이상한 변방 문자인 한글(훈민정음)을 만들어 쓴다는 게 그들에게는 말이 되지 않았을 것이다. 이런 시각에서 보면 이때 집현전의 부제학이었던 최만리가 상소문으로 지적한 것이 결코 틀린 것이 아니라는 것을 알 수 있다. 최만리는 한글 창제를 반대하는 상소문

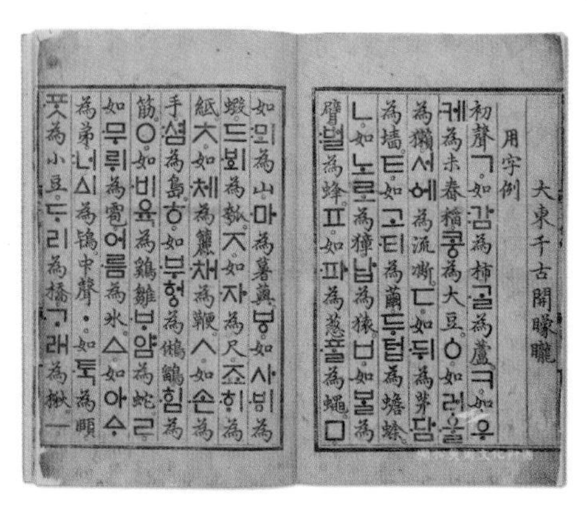
大東千古開矇矓
用字例
初聲ㄱ。如감爲柿。골爲蘆。ㅋ。如우케爲未舂稻。콩爲大豆。ㆁ。如러울爲獺。서에爲流澌。ㄷ。如뒤爲茅。담爲墻。ㅌ。如고티爲繭。두텁爲蟾蜍。ㄴ。如노로爲獐。납爲猿。ㅂ。如볼爲臂。벌爲蜂。ㅍ。如파爲葱。ᄑᆞᆯ爲蠅。ㅁ。如뫼爲山。마爲薯藇。ㅸ。如사ᄫᅵ爲蝦。드ᄫᅵ爲瓠。ㅈ。如자爲尺。죠ᄒᆡ爲紙。ㅊ。如체爲籭。채爲鞭。ㅅ。如손爲手。셤爲島。ㅎ。如부헝爲鵂鶹。힘爲筋。ㅇ。如비육爲鷄雛。ᄇᆡ얌爲蛇。ㄹ。如무뤼爲雹。어름爲氷。ㅿ。如아ᅀᆞ爲弟。너ᅀᅵ爲鴇。中聲ㆍ。如톡爲頤。ᄑᆞᆺ爲小豆。ᄃᆞ리爲橋。ᄀᆞ래爲楸。ㅡ

『훈민정음 해례본』

에서, 한자 말고 자신들의 문자를 갖고 있는 일본이나 여진 같은 국가는 오랑캐 국가다. 그런데 우리는 한자라는 최고의 문자를 쓰고 있다. 따라서 우리는 오랑캐가 아니라 문명인이다. 그런데 만일 우리가 새로운 문자를 만들어서 사용한다면 이것은 스스로 오랑캐가 되려는 것이니 어리석기 짝이 없는 일이라고 주장했다.

주변의 반응이 이럴 것이라는 것을 잘 알았던 세종은 자신의 아들딸만 데리고 비밀리에 한글 창제에 돌입하게 된다. 전해오는 속설에 따르면 세종의 한글 창제에는 불교의 승려였던 신미(信眉)대사가 참여했다고 한다. 그러나 실록을 보면 세종이 신미를 알게 된 것은 훈민정음의 반포 년

도인 1446년 이후의 일로 되어 있어 신미가 한글 창제에 참여했을 가능성은 매우 낮다고 할 수 있다. 또 신미가 특히 산스크리트어에 능통했다는 속설이 있다. 그런데 고려말에 있던 승려 가운데 산스크리트어에 능통한 사람이 있다는 것 자체가 매우 의심스럽다. 그리고 그에 대해서는 자료도 별로 남아 있지 않다. 이런 상황에서 그가 한글 창제에 도움을 주었다고 단정하는 것은 문제가 있다.

그러면 한글 창제 과정을 간단하지만 확실하게 정리해 보자. 세종이 훈민정음, 즉 한글이라 불리는 새로운 문자를 발표한 것은 1446년이 아니라 1443년의 일이다. 그는 자식들과 함께 비밀리에 연구를 진행해 한글 자모음을 만들어 1443년에 발표한 것이다. 그 다음에는 이 신묘한 글자를 설명하는 책의 집필에 들어가는데 이때부터 집현전 학사들과 같이 하게 된다. 즉 최만리를 비롯한 대신들의 강렬한 반대를 물리치고 뜻이 맞는 집현전 학사들에게 명해 한글을 연구해서 소개하는 책을 쓰게 한 것이다. 이 책이 바로 『훈민정음 해례본』이다. 이 책은 세계 문자사 상 유일하게 문자의 창제자를 밝히고 그 창제의 동기나 제자 원리, 그리고 문자의 발음에 대해 적은 책이다. 인류 역사에 이런 책은 일찍이 없었다. 지금 인류가 갖고 있는 문자 중 이런 여건, 즉 창제자를 알고 문자의 제자원리 및 발음을 설명해주는 책을 가진 문자는 없다는 것이다. 그래서 이 책은 '가볍게' 유네스코의 세계기록유산에 등재될 수 있었다. 필적할 만한 책이 없었기 때문이다.

세종은 이 책을 1446년까지 만들어 발간하면서 그 해에 한글을 정식으로 반포했다. 이 때문에 사람들은 세종이 집현전 학사들과 같이 한글을 만들어 이 해에 처음으로 반포한 것으로 오해하고 있다. 이는 한국사 학자들의 오해로 일어난 참사로 매우 유감스러운 일이다. 집현전 학사들이 한글의 창제 과정에서 구체적으로 어떤 일을 했는가 하는 것은 면밀하게 연구해야 할 주제다.

저간의 사정이 어떻든 인류사에 다시없는 책인 『훈민정음 해례본』이 만들어진 곳은 바로 이 건물이다. 그렇다면 이 지역은 (한국)민족 문화의 성지로 선포되어야 한다. 한국인들이 그렇게 자랑하는 한글이 만들어지고 정리된 곳이니 말이다. 그런데 이곳에는 그 정보를 알려주는 것이 하나도 없다. 수정전 안내판에 나오는 몇 글자만 이곳이 한글 창제의 산실이었다고 밝히고 있을 뿐이다.

나는 이 현실을 직면할 때마다 어이가 없어 말을 잃곤 했다. 만일 일본이라면 이런 곳에서 자신들의 문화가 지닌 우수성을 맘껏 뽐냈을 게다. 한국인들이 정신이 제대로 되어 있다면 여기에 한글을 소개하는 프로그램을 설치해 외국인들이 자유롭게 체험할 수 있게 해야 한다. 경복궁은 한국을 찾는 외국인들이 가장 많이 방문하는 유적지다. 그 점을 감안한다면 그들에게 바로 이 장소에서 한글을 통해 한국 문화의 우수성을 알려야 한다. 우리가 그들의 나라에 가서 한국 문화를 알리기는 힘들지만 여기까지 온 사람들에게 한국 문화를 알리는 것은 상대적으로 쉽다. 한국인들은 이러한 기회를 최대한 활용해야 한다. 지금 그곳에는 휴게소가 하나 있는데 이곳을 한글 소개하는 공간으로 만들어 한글에 관심 있는 외국인들이 체험할 수 있게 해주어야 한다. 이런 것은 돈이 드는 것도 아니고 인력이 많이 드는 것도 아닌데 왜 하지 않는지 알 수 없다. 한국인들은 왜 이런 데에 관심을 두지 않는지 잘 모르겠다.

이 수정전을 보면 건물 한 채만 덩그러니 있어 외롭게 보인다. 인류 역사에 남을 혁혁한 책을 산출한 건물인데 아무도 몰라주고 있으니 건물도 외롭게 있는 것 아닐까 하는 근거 없는 생각마저 든다. 이 건물 주위에는 많은 건물들이 행각으로 연결되어 있었다. 궁궐의 건물들은 이렇게 서로 연결되어 있는 경우가 많다. 그래서 한 번 불이 나면 행각 등을 통해 불이 계속 번져서 많은 건물이 전소되었던 것이다. 지난 역사를 보면 궁궐에 불이 났을 때 많은 건물들이 전소되는 경우가 적지 않게 있었다. 그럴 경우 왜 그

수정전의 행랑 이음새 부분

렇게 큰 피해를 보았을까 하는 의문이 생길 법한데 그 주된 이유는 건물들이 행각으로 연결된 데에서 찾을 수 있을 것이다.

경복궁 내에서 이렇게 행각으로 연결된 실제의 모습을 찾는 일이 힘든데 이 수정전에는 바로 그 흔적이 있다. 그 흔적은 이 건물의 동쪽 면 끝에 있는데 거기에는 사진처럼 기단 돌에 행각을 세울 수 있는 홈이 파여져 있는 것을 알 수 있다. 그쪽으로 행각이 연결된 것인데 앞을 보면 그냥 사정전의 담이 있을 뿐이다. 그래서 무언가 이상하다. 이전에 여기에 행각이 있었으면 과연 어떤 건물과 연결되었을지 궁금한데 지금으로서는 알 길이 없다. 행각이 있었던 흔적은 아마도 이곳이 가장 선명한 곳 아닐까 한다.

경회루 영역을 서성이며

왕실의 공식 정원(원림)인 경회루에서 여기까지 보았으면 수정전에 대한 것은 대충 본 셈인데 다음 목적지는 몇 걸음만 가면 도달할 수 있다. 바로 앞에 있는 경회루가 그것인데 국보(제224호)이니 아주 귀한 건물임에 틀림없다. 이 지역에는 건물과 연못이 각각 하나만 있어 단출하게 보이

경회루 내부(문화재청 제공)

1911년에 촬영한 경회루 모습(서울역사박물관 제공)

지만 말할 거리는 엄청 쌓여 있는 곳이다. 그 거리가 많아 무엇부터 시작해야 할지 모를 지경이다.

예를 들어 이 경회루 건물은 한국에 있는 전통 누각 중에 가장 큰 건물이라느니 궁에 있는 건물 중 잡상이 제일 많다느니 하는 것 등이 다 그런 이야기 거리에 속한다. 이 건물 지붕에는 잡상이 11개나 있으니 아마 잡상의 숫자만 보면 이 건물을 능가할 건물이 없을 것이다. 그런가 하면 48개의 돌기둥이 있는데 바깥에 있는 24개는 네모나고 안쪽의 24개는 둥글게 되어 있다, 이것을 두고 '하늘은 둥글고 땅은 네모다'라는 천원지방 사상에 의거해 만들었다는 설명도 흔하게 접할 수 있다.

역사를 살펴보면 1412년에 태종이 여기에 있던 작은 정자를 헐고 지금처럼 큰 연못을 파서 만들고 경회루 건물을 세웠다는 것이 가장 먼저 나오는 설명이다. 또 설계자는 창덕궁을 설계한 박자청이었고 단종이 이곳에서 왕위를 세조에게 양위했다느니 연산군이 이곳서 흥청망청 놀았다느니 하는 것도 자주 나오는 설명이다. 그런가 하면 이 건물에 불이 나는 것을 방지하기 위해 돌로 만든 용을 연못에 빠트렸다느니 하는 설명도 반드시 나온다.

이런 주변적인 설명을 듣다가 건물 자체에 대한 정보를 구해 보면 또 다른 상황이 있음을 알 수 있다. 이 건물에

경회루에서 본 홍경각과 함원전(문화재청 제공)

대한 설명들을 보면 한 결 같이 핵심이 아닌 건물의 구조 등에 대해 피상적인 이야기만 하고 있다. 이런 설명은 대부분 건축학 전공자들이 써서 그런지 건물의 구조에 대해서만 지나치게 전문적으로 밝히고 있어 이 건물을 이해하는 데에 별 도움이 되지 않는다. 예를 들어 이런 식이다.

경회루는 중루(重樓), 팔작지붕의 2익공(二翼工) 집으로, 누마루를 받는 48개의 높직한 돌기둥이 줄지어 서 있다. 외진주(外陣柱)는 방형석주(方形石柱)이고 내진주(內陣柱)는 원형석주(圓形石柱)이다. 기둥 둘레는 아래가 넓고 위가 좁

아졌는데 그 체감률이 경쾌하여 조화적이다[9)]

설명이 이렇게 전개되면 이 문장들을 이해하는 것부터가 힘들다. 너무나 전문적이기 때문이다. 이렇게 설명하면 전공자들이나 알아듣지 비전공자들은 아예 읽기를 포기한다. 이런 설명은 건물의 뼈대에 대해서만 말하는 것이지 살이나 그 안에 있는 살아 있는 어떤 것에 대해서 말하는 것이 아니다. 즉, 이런 설명은 건물을 살아 있는 것이 아니라 죽은것으로 보고 있다는 것이다. 이제 이런 설명은 그

9) 두산백과 경복궁 조

만하자. 영혼이 없는 그런 설명 말이다.

경회루를 제대로 이해하려면? 이 건물을 한 마디로 어떻게 표현할 수 있을까? 이 건물은 '조선 정부의 공식적인 정원(원림)으로 연회장'이라 할 수 있다. 쉽게 말해 파티 브뉴(venue)라는 것이다. 즉, 나라에 중요한 일이 있거나 중요한 외국 손님이 왔을 때 잔치를 벌이는 곳이라는 것이다. 그래서 그런지 규모도 있고 아주 격조 있게 건설했다. 또 크기도 대단하다. 앞에서 이 건물이 전통 누각 건물 가운데 가장 큰 건물이라고 했는데 부피로 보아도 가장 큰 건물이라는 주장이 있다. 부피가 근정전보다도 크다고 하니 가장 큰 건물이 될 수 있겠다는 생각이다. 그런데 책에 나온 여러 설명을 보면 중요한 것이 빠져 있는 것을 알 수 있다.

그것은 이 정원의 원형에 대한 것이다. 이 정원을 제대로 감상하려면 원형이 어떻게 생겼는지를 알아야 한다. 그래야 이 정원의 진가를 알 수 있다. 지금 이 정원은 원형이 아닌데 다른 설명을 보면 그에 대한 언급이 없다. 이곳은 완전히 개방되어 있어 사람들은 별 생각 없이 이전에도 그랬을 것이라고 생각한다. 그러나 그것은 한 번만 생각해 보면 어불성설이라는 것을 알 수 있다. 이곳은 왕실의 공식 정원이라고 했다. 그렇다면 그런 곳은 폐쇄적이어야 한

경회루의 담이 설치되어 있던 흔적

다. 왕실과 그와 같은 수준의 사람들만 왕래할 수 있는 그런 공간이어야 한다는 것이다. 그래서 외부의 다른 사람들, 즉 낮은 벼슬의 관리나 궁궐의 여러 일꾼들이 접근할 수 없게 만들어야 할 뿐 아니라 정원의 내부도 철저하게 가려져 있어야 한다. 내부가 보이지 않게 하려면 이 정원에는 높은 담이 쳐 있어야 한다. 실제로 이곳에는 높은 담이 있었다. 이것은 당연한 것인데 지금은 어쩔 수 없이 담을 제거했다. 그렇지만 땅 밑을 보면 담을 세운 자국이 남아 있다. 이 정원을 제대로 보려면 꽤 높은 담이 있다고 가정하고 보아야 한다.

그 다음에 이 같은 정원을 볼 때 가장 중요한 것은 이 정원 혹은 건물이 누구를 위해 만들어졌냐는 것을 알아내는 일이다. 이 정원의 주인공이 누구냐는 것이다. 이것을 알아야 하는 이유는, 이러한 시설은 그 주인공의 자리에서 볼 때 가장 아름답게 만들어졌기 때문이다. 보통 경회루를 소개하는 사진을 보면 외부에서 찍은 것이 많은데 엄밀히 말하면 이 건물은 밖에서 보라고 만든 건물이 아니다. 물론 밖에서 볼 때에도 아름다운 광경이 연출되지만 이 건물의 용도는 누각에서 잔치하는 것이니 안에서 밖을 볼 때 그 풍경이 아름답게 건설되어야 한다.

이 정원의 주인공은 당연히 왕이다. 따라서 이 정원은

경회루 내부에서 바라본 광경

왕이 자신의 자리에 앉아서 볼 때 가장 아름답게 보이도록 설계되었을 것으로 추정할 수 있다. 그렇다면 왕의 자리는 어디일까? 누각 2층의 바닥을 보면 3단으로 되어 있는 것을 알 수 있다. 가운데 중심 부분이 가장 높게 되어 있는데 왕과 손님들은 바로 이 부분에 앉는다. 그런데 이 공간도 꽤 넓다. 이 공간에서 왕은 어디에 앉았을까? 나는 동쪽 끝 부분에 앉을 것이라고 추측했는데 문화재청이 만든 동영상을 보니 거기서도 이곳에 왕의 자리를 재현해 놓았다. 그러니까 왕은 근정전 쪽을 등지고 앉아 인왕산 쪽을 볼 수 있는 자리에 앉았던 것이다.

이 정원은 왕이 그 자리에 앉아서 볼 때 그 외경이 가장 아름답게 보이게 만든 것이다. 그곳에 우리가 앉아 있다고 가정하고 주위의 경치를 상상해보자. 정면으로는 연못 안의 두 섬에 심어 놓은 소나무와 그 사이로 인왕산이 보일 것이고 오른쪽으로는 백악산이 눈에 들어올 것이다. 그리고 왼쪽으로는 하늘만 들어올 것으로 예상되는데 그 경치도 상당히 빼어날 것이다. 이 경회루 2층을 올라가게 된다면 이처럼 반드시 2층 왕의 자리에 앉아서 경치를 감상해야 한다.

또 궁금한 것은 왕의 동선이다. 어떻게 이곳으로 들어와 2층으로 올라오느냐는 것이다. 이 경회루에는 3개의 문이

경회루 앞 골목길

있는데 크기를 보면 금세 왕의 출입문이 어떤 것임을 알 수 있다. 가장 남쪽에 있는 문이 제일 큰데 그것이 바로 왕의 출입구이다. 왕은 그리로 들어와 바로 앞에 있는 계단으로 올라갔을 것이다. 그런데 이 계단은 꽤 가팔라서 왕이 오르고 내릴 때 힘들었을 텐데 실제로 어떻게 했을지 자못 궁금하다. 아직까지는 이에 대해 확실한 정보를 접하지 못했다.

경회루에 산재되어 있는 절경을 찾아! 이 문 이야기가 나와서 말인데 경회루의 절경 가운데 하나가 이 문 앞에서 경회루 안을 보는 것이다. 평상시에 루의 내부는 개방되어

왕의 출입구에서 바라본 경회루 내부

있지 않아 들어갈 수 없다. 그러나 이 문은 열려 있으니 그 앞에서 안을 바라보면 참으로 멋있는 광경이 펼쳐진다. 오른쪽으로는 루 건물이, 앞쪽으로는 길과 연못이 있어 아주 보기 좋다. 이 문 말고 다른 두 문 앞에서 보는 광경도 괜찮다. 그러나 굳이 비교한다면 왕의 문에서 보는 경치가 제일 낫다.

경복궁은 법궁이라 규범에 맞추어 짓느라 좀 딱딱할 것이라 예상하고 창덕궁보다 덜 아름답다고 생각하는 사람들이 종종 있다. 그러나 내가 보기에는 창덕궁보다 외려 경복궁에 아름다운 곳이 더 많다. 이 문 앞에서 보는 경치도 그 가운데 하나인데 이것은 주위에 산재해 있는 산 덕

모서리에서 본 경회루

분이다. 경복궁은 어디서 어떤 각도로 보든 산과 중첩되기 때문에 경치가 아름답다. 창덕궁에서는 이런 경치를 발견하기가 힘들다. 창덕궁은 그저 후원에 있는 몇몇 정자들이 아름답지 경복궁처럼 자연과 중첩 되면서 절경을 만들어내는 곳은 없다.

여기에는 또 볼 게 있다. 이 경회루 앞길이다. 흡사 골목길처럼 생겨서 이곳에 오면 마음이 푸근해진다. 이 길은 경복궁 내에서 옛 궁궐의 정취를 느낄 수 있는 거의 유일한 곳이다. 경복궁이 일제에 의해 훼손되기 전에는 건물이 빽빽하게 있었을 터이고 건물들 사이에는 이런 골목길들이 많았을 것이다. 지금은 건물들이 많이 복원되지 않아 이런 골목길을 찾기가 힘들다. 아직도 공터가 너무 많다. 그러니 이곳에 오면 이 길을 충분히 즐기고 다음 건물로 가야 한다.

경회루를 아름답게 감상하는 방법은 또 있다. 이 경회루에 오면 사람들은 보통 수정전 뒤편 영역에서 루를 뒤로 놓고 사진을 찍는다. 그렇게 몇 장 찍은 다음 그들은 곧 다른 곳으로 간다. 그런데 그것은 경회루를 아주 부분적으로만 보는 것이라 바람직한 답사 방법이 아니다. 경회루는 반드시 그 주위를 한 바퀴 돌면서 보아야 한다. 그래야 경회루를 제대로 느낄 수 있다. 그렇게 하기 위해 오른쪽 모서리에서 서쪽으로 가면서 건물을 감상해보자. 그러면 건물이 뒤에 있는 백악산과 중첩되면서 아주 훌륭한 모습이 연출된다. 산과 건물이 겹치는 비율이 각 지점마다 다르기 때문에 모든 지점에서 보는 경치가 다 색다르게 나타난다. 그렇게 해서 왼쪽 모서리로 오면 또 새로운 경치가 펼쳐진다. 건물이 45도 각도에서 보여 아주 보기 좋고 연못에 비춰진 건물 모습도 아름답다. 마침 이곳에는 수양버들이 한 그루 있는데 이 나무까지 넣어서 경회루를 찍으면 하늘과 건물, 물, 그리고 물에 비친 건물, 정말 마지막으로 가지를 드리운 수양버들이 혼연일체가 되어 완벽한 사진이 될 것이다. 경회루와 같은 연못 정원은 이렇게 차경(借景) 기법

섬 사이로 보이는 경회루

을 통해 만들어진 경치를 감상하기 위해 만들어진 정원이다. 따라서 우리도 그런 방법으로 보아야 한다.

경회루 정원은 삼신산으로 되어 있다! 경회루 돌아보기 관람은 아직 끝나지 않았다. 이번엔 북쪽으로 조금만 올라가자. 물론 계속해서 건물을 보면서 가는데 이번에는 경회루를 사정전이나 강녕전 영역의 건물 지붕과 중첩해서 보는 재미가 쏠쏠하다. 그렇게 가다 보면 건물이 두 섬의 정 중앙에 위치하게 되는데 이 지점에서 경회루를 보는 것도 좋다. 두 섬 사이로 건물을 완벽한 대칭으로 보는 것이다. 두 섬에 있는 소나무 사이로 보면 인간이 만든 건물과 자연인

나무, 그리고 물이 같이 보여 아주 예쁘다. 그런데 나는 여기서 항상 의문을 표하곤 했다. 질문은 간단하다. 왜 섬이 두 개뿐이냐는 것이다. 보통 이 같은 전통적인 연못 정원에는 섬이 3개 혹은 1개가 있는 법이다. 다시 말해 섬의 개수를 홀수로 하지 이렇게 짝수로 하는 경우는 없다. 3개로 하는 것은 잘 알려진 대로 신선이 산다는 삼신산을 본 뜬 것이다. 그렇지 않고 1개만 만드는 것은 삼신산을 만들 만한 공간이 부족할 경우 이 방법을 취하는 것 같다. 예를 들어 창덕궁의 대표적인 연못 정원인 부용지에 섬이 하나만 있는 것이 그것이다. 그런 곳은 섬을 3개씩 만들 만한 공간이 없으니 하나만 만든 것이리라. 그런데 왜 이 경회루에는 섬이 2개밖에 없을까?

그렇게 고심하다가 의문이 생각보다 쉽게 풀렸다. 이 연못에는 섬이 2개가 아니라 3개가 있었던 것이다. 그러면 우리 눈앞에 있는 두 개의 섬 말고 다른 섬은 어디에 있는 것일까? 답은 아주 쉽게 구할 수 있었다. 바로 경회루 건물이 있는 지역이 섬인 것이다. 이곳은 다리로 연결되어 있어 얼핏 보면 섬처럼 보이지 않는데 이것도 엄연한 섬이다. 그런데 넓이가 꽤 넓어 섬이 아닌 것처럼 보일 수 있겠다는 생각이 든다. 이렇게 보면 이 정원도 고래의 삼신산 사상에 맞추어 만든 것을 알 수 있지만 다른 연못 정원과 차이가 있다는 것을 잊어서는 안 되겠다. 보통 삼신산이 있는 연못 정원은 섬을 경회루의 그것처럼 직선의 장방형으로 만들지 않는다. 대신 테두리를 자연스러운 선으로 처리한다.

그에 비해 이 연못은 전체 테두리를 비롯해 삼신산을 상징하는 섬들의 테두리가 모두 직선으로 되어 있다. 이것은 아마도 이 정원이 경복궁이라는 법궁에 있는 제일의 왕실 공식 정원이기 때문에 이처럼 규범 있는 디자인을 고수한 것 아닐까 하는 생각이다. 이 정원이야말로 전 조선의 연못 정원 가운데 가장 으뜸이니 절도와 절제를 지켜서 이렇게 만든 것 같다. 아마도 이 정원의 설계자는 유교(성리학)를 기본 이념으로 삼았을 것이다. 다시 말해 유교에서 말하는 예에 따라 절도 있는 직선을 고수했을 것으로 추측된다.

연못에 세 개의 섬을 두는 정원으로서 가장 시원적이고 전형적인 예는 당연히 경주에 있는 안압지(정식 명칭은 월지)다. 이 연못에는 삼신산을 상징하는 섬이 세 개 있는데 모두 자연스러운 곡선으로 테두리를 처리해 자연적인 섬처럼 만들었다. 안압지는 별궁이라 할 수 있는 동궁에 세워진 것이라 이것도 왕궁의 공식 정원인데 이곳은 왜 삼신산을 자연에 있는 것처럼 만들었을까? 추정컨대 신라는 유교가 통치 이념이 아니었기 때문에 유교적인 규범을 지키려고 노력하지 않았을 것이다. 대신 중국 도교에서 차용한 낭만적인 삼신산을 그대로 가져왔을 것이다. 그렇지만 이 월지는 왕실 정원이었기에 건물들이 있는 쪽은 엄격하게 직선으로 연못 테두리를 처리했다는 것을 잊어서는 안 된다. 이 부분은 규범을 강조해 만든 것이다.

그런데 경회루에 있는 연못과 관련해 이상한 것이 하나 있다. 이것은 생각해보면 상당히 이상한 일인데 사람들은 이에 대해 별 의문을 제시하지 않는다. 무슨 의문일까? 이 연못에 이름이 없다는 것이다. 이 정원은 항상 경회루라는 건물 이름으로만 불리지 연못에 대한 언급이 없다. 그러니까 이 연못은 철저하게 건물에 부속되어 있어 별 의미가 없는 것처럼 취급된다는 것이다. 그러나 이 정원에 연못이 없다면 그 아름다움이 적어도 반 이상이 깎일 것 같으니 연못은 이 정원에서 상당히 중요한 위치에 있다고 해야 할 것이다. 또 이 연못에서는 배도 타는 등 그 유용도가 높은데 이렇게 중요한 연못에 왜 이름이 없느냐는 것이다. 창덕궁의 부용정도 상황은 비슷하다. 그 정원을 말할 때도 부용정이라고 하지 따로 연못 이름을 부르지는 않는다. 물론 간혹 정자의 이름을 따 연못을 부용지라고 부르는 경우도 있지만 말이다. 그에 비해 경회루는 이 연못을 부를 때

하향정

건물 이름을 따서 경회지라 하는 경우를 단 한 번도 접해 본 적이 없다. 왜 이런 일이 생겼는지는 더 연구해야 할 것 같다.

이 연못의 북쪽 가에는 작은 정자가 하나 있다. 사람들은 그것이 조선 시대 것으로 여기는 경우가 많은데 그것은 사실이 아니다. 이것은 이승만 대통령이 낚시할 때 이용하던 정자다. 이름은 하향정(荷香亭). 지금도 검색해보면 그가 부인과 함께 낚시하는 사진이 인터넷 공간에 돌아다닌다. 그 말을 듣고 또 바로 들었던 의문은 이승만이 이 정자에 어떻게 갔을까 하는 것이었다. 답은 쉽게 나왔다. 바로 오른쪽에 있는 문으로 왕래했을 것이다. 그동안 이 정자를 철거하느냐 마느냐로 논란이 꽤 있었는데 아직도 건재한 것을 보니 결론이 아직 나지 않은 모양이다. 철거하자는 쪽은 이 정자가 경복궁에 원래 있던 건물이 아니니 제거하자는 입장인데 이런 주장을 하는 사람들 가운데에는 이승만을 염오하는 좌파들이 꽤 있는 모양이다. 대신 보존해야 한다는 쪽은 이 정자도 지어진 지 이미 50년이 지났으니 이것도 역사로 보고 보존해야 한다는 의견을 고수하고 있다.

행로로 보면 이렇게 경회루 연못을 한 바퀴 돌고 다시 오던 길로 돌아와 사정전 쪽으로 갈 수도 있고 북쪽 담 밖으로 나가 한 바퀴 돌아 다시 경회루 영역으로 들어올 수도 있다. 어떻든 이 정도면 경회루는 다 본 셈이다. 이곳과 연관되어 전해지는 재밌는 이야기가 있다. 경회루에 몰래 들어왔다가 세종에게 들키는 바람에 출세했다는 구종직의 이야기가 그것이다. 나는 이 이야기가 잘 알려져 있고 설화에 불과할 수 있다는 생각에 언급하지 않았다. 구종직은 품계가 9품이라 말단 관리에 불과했는데 경회루 안이 아주 아름답다는 말을 많이 듣고 있었다. 그런데 담장이 높고 폐쇄되어 있어서 안을 전혀 보지 못했던 모양이다. 그래서 밤에 몰래 들어갔다는 것인데 이런 이야기를 통해 보면 이 연못 정원이 왕실에 속한 것이라 보안이 철저했던 것을 알 수 있다.

왕과 왕비의 근무 공간과 생활 공간으로

사정전을 돌아보며 경회루 바로 옆에는 왕이 일하고 생활하는 공간이 있다. 사정전과 강녕전, 그리고 교태전이 그것이다. 여기에 있는 건물에 대해서는 그리 설명할 것이 없다. 특히 강녕전과 교태전은 1990년대 중반에 새로 만든 건물이라 더 더욱 설명할 필요성을 느끼지 못한다. 여기에 원래 있던 강녕전과 교태전은 일제가 1920년에 창덕궁에 왕과 왕비의 거처를 만들 때 이 건물들을 뜯어다 쓰는 바람에 궤멸되고 말았다. 창덕궁에 있던 왕과 왕비의 거처가 1917년에 불이 나서 소멸되자 이곳에 있던 건물을 뜯어간 것이다. 그래서 그 이후에는 이 자리가 비어 있었다. 그러다 1990년대 중반에 이르러 한국 정부가 이 두 건물을 복원했다. 따라서 매우 새로운 건물이다. 사정이 그러하니 이 건물에 대한 이야기는 별 의미가 없겠다. 그 대신 이 안에서 이루어진 이야기들을 중심으로 설명해 나아갈까 한다.

먼저 만나게 되는 사정전(思政殿)은 왕이 신하들과 함께 집무도 보고 경연도 하던 일의 공간이다. 근무 공간이라는 것이다. 이 건물은 고종 때 복원된 것이라 역사가 꽤 됐다. 그래서 보물(제1759호)로 지정되었다. 그냥 보면 별 건

사정전

물 아닌 것 같은데 보물이라니 다시 한 번 보게 된다. 그런데 건물의 이름이 재미있다. '생각하면서 정치를 하라'는 뜻이니 말이다. 이 이름은 정도전이 지었다고 하는데 아마도 임금들로 하여금 매사에 생각을 하면서 정치하라고 권면하기 위해 만든 이름일 게다.

그런데 이 건물을 볼 때마다 드는 생각이 있다. 그래도 조선은 엄연한 나라인데 왕의 집무실이 왜 이렇게 작냐는 것이다. 지금으로 치면 이곳은 국무회의실 같은 장소인데 그런 용도로 쓰기에 조금 작은 것 아닌가 하는 생각이 든다. 게다가 회의를 할 때에는 바닥에 앉아서 할 터인데 그렇게 하면 더 볼품이 나지 않는다. 더 이해가 안 되는 것은

60대 중반이 된 나도 바닥에 앉고 일어나는 일이 힘든데 늙은 대신들이 여기서 '쭈그리고' 앉아서 어떻게 회의를 했을지 신기하다. 기로소(耆老所)에 들어간 대신들은 70세가 넘었을 터인데 이런 사람들이 바닥에 앉아서 회의를 했다는 게 영 미덥지 못하다. 그러나 당시는 바닥에 앉아 생활하는 것이 습관처럼 되어 있어 이런 데에 앉아 회의하는 것 역시 별 문제가 없었을지도 모르겠다.

이 건물은 비록 보물이기는 하지만 건물 자체에 대해서는 그리 설명할 거리가 없다. 이 때문에 앞에서 이 영역에서는 건물에 대한 설명을 하지 않겠다고 한 것이다. 대신이 건물에서는 조선의 정신을 느껴야 한다. 내가 기회 있을 때마다 강조한 것이지만 조선은 물질의 나라가 아니었다. 조선은 문(文)의 정신으로 버틴 나라였다. 이 건물도 그런 시각에서 보아야 한다. 이 건물은 한 나라의 국무회의실로서는 다소 초라하게 보일지 모르지만 정신적으로 보면 이 건물의 크기를 잴 수 없을 지경이다. 그만큼 크기 때문이다. 이것이 무슨 말일까? 이 건물은 세계기록유산이 적어도 2개가 배태된 엄청난 곳이기 때문에 정신적으로 대단한 곳이라는 것이다.

잘 알려진 것처럼 조선은 현재(2020년) 유네스코에 등재된 세계기록유산을 11개나 갖고 있는 왕조다. 지금 한국은

16개의 세계기록유산을 갖고 있는데 그중 11개가 조선 것이니 이것은 대단한 숫자라 하겠다. 이 같은 기록에서 알 수 있듯이 조선은 책에 매달려 살았던 신들린 휴머니스트들의 나라였다. 조선 사람들은 하나 같이 인문학 도사였다. 조선은 이렇게 접근해야 한다. 정신으로 접근해야 한다는 것이다. 이 사정전 건물은 그다지 볼 게 없는 건축물이지만 그 안에서는 『조선왕조실록』이나 『승정원일기』 같은 세계적인 유산이 만들어졌다. 이 책들에 대해서는 내가 다른 책에서 이미 상세하게 설명했기 때문에 재론할 필요를 느끼지 못한다. 이 두 책은 조선의 역사 기록 정신, 즉 역사를 공정하게 써서 후세에 남겨야 된다는, 세계사에 일찍이 없었던 인문정신에 따라 쓰인 책이다. 이 건물에서는 이 정신을 읽어내야 한다.

따라서 이 건물을 소개할 때에 전면이 몇 칸이고 옆면이 몇 칸이고 하는 것은 의미가 없다. 그 대신 이 건물 안에서 왕과 대신들이 회의할 때 '실록'의 저본이 되는 사초를 쓰는 사관(史官)과 '일기'를 쓴 주서(注書)가 어디에 앉아서 어떻게 일을 했는지를 설명해주어야 한다. 그리고 이렇게 만들어진 왕실 역사기록서 가운데 왜 조선 것만이 유네스코에 등재됐는가를 소상하게 이야기해주어야 한다. 특히 이러한 제도는 중국 것을 본 뜬 것인데 왜 중국의 실록은 등

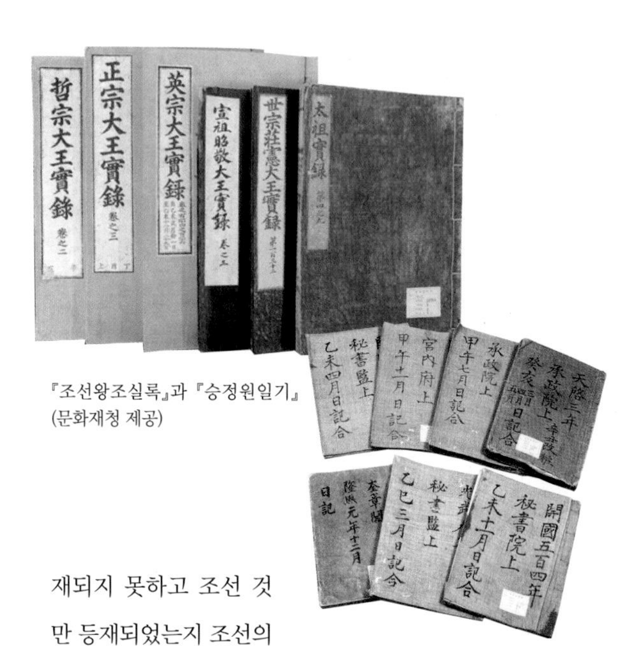

『조선왕조실록』과 『승정원일기』
(문화재청 제공)

재되지 못하고 조선 것만 등재되었는지 조선의 역사 정신을 설명해주어야 한다. 이것이 조선을 올바르게 이해하는 방법이다.

이 건물과 관련된 것으로서 조선의 인문 정신을 보여주는 사례가 또 하나 있다. 기록에 따르면 이 건물 안에서는 경연이 진행되었다. 경연이란 매일 왕이 신하들과 경전을 공부하고 정치적인 현안을 가지고 토론하는 것을 말한다. 이것은 유교의 정치 철학에 따라 왕을 성현으로 만들어 좋은 정치를 하게 만들려는 의도로 행해진 제도다. 우리는 이런 이야기를 들으면 일상적인 것이라 생각해 별 의미를 두지 않지만 전제군주 시대에 이런 제도가 있었다는 것은 대단한 일이다. 생각해보라. 왕은 수없이 많은 현안 때문에 엄청난 스트레스를 받는다. 하루 종일 신하들과 정책 결정을 해야 하는데 그것도 모자라 밤에는 상소문까지 읽어야 하는 등 임금이 받는 스트레스는 어마어마하다. 조선의 왕들의 평균수명이 40세 중반밖에 안 되었던 것은 이 스트레스가 주요한 요인 중의 하나일 것이다.

그렇게 정치하기도 바쁜데 왕은 평생 공부를 해야 한다. 이 공부는 세자 때부터 시작된다. 세자가 되어 동궁으로 가면 세연(世筵)이라고 해서 매일 몇 차례씩 과외를 받아야 한다. 그렇게 공부하다 왕이 되면 또 경연을 해야 한다. 이때 왕의 상대가 되는 사람들은 신하 중에도 학문이 높은 사람[10]들이다. 따라서 그들과 같이 공부하고 토론하는 것은 대단히 신경 쓰이는 일이다. 아니, 하기 싫은 일이었을 것이다. 어느 누가 단독 과외 하는 것을 좋아하겠는가? 그것도 매일 말이다. 그래서 왕은 경연 시간이 되면 공연히 아프다고 하면서 자리를 피하기도 했다고 한다. 이것은 충분히 이해되는 일이다.

우리는 이러한 제도를 통해 조선이 좋은 정치를 실현하

10) 왕의 교육을 전담했던 관리들은 홍문관 소속의 관리였다.

려고 얼마나 노력했는지 알 수 있다. 전제군주 국가임에도 불구하고 왕을 이렇게 훈련시키는 나라는 흔하지 않을 것이다. 왕 가운데 이런 공부를 계속해서 하고 싶은 사람이 있었을까? 아마 대부분의 왕은 이 경연 공부가 부담되어 하기 싫었을 것이다. 그러나 조선은 그러한 왕의 사적 욕구를 차단하고 왕을 좋은 정치의 중심으로 만들기 위해 부단히 노력했다. 그래서 아마도 조선의 왕은 전 세계의 군주 가운데 가장 박식한 사람이었을 것이다. 거의 학자 수준이었을 터이니 말이다. 이게 바로 조선의 정치다. 이 건물을 볼 때 바로 이런 정신을 되새겨야 한다.

이 건물의 양 옆에는 건물이 한 채씩 있다. 이 건물들 역시 국무회의할 때 쓰던 건물인데 날씨가 추워지면 이곳에서 집무를 보았다고 한다. 사정전은 온돌을 설치하지 않았기 때문에 추우면 양 건물 중에 하나로 가서 회의를 했다고 한다. 그런 것은 알겠는데 여기서 공연한 의문이 또 생긴다. 사정전 자체에 온방 시스템을 갖추면 될 걸 왜 다른 건물로 가서 회의를 했느냐는 것이다. 구들을 깔아 놓았으면 추운 겨울에도 집무를 볼 수 있었을 텐데 왜 마루만 깔아 놓았는지 모르겠다. 수정전에는 마루온돌을 깔아 놓으면서 왜 이곳은 그냥 마루로만 처리했는지 모를 일이다.

이 사정전에 얽힌 이야기 가운데 또 한 가지 주목할 만한 것은 바로 이 건물 앞에서 세조가 사육신을 친히 신문했다는 것이다. 사육신 이야기는 너무도 잘 알려진 것이라 더 이상의 언급이 필요 없을 것이다. 건물은 그때 그 건물이 아니지만 이 앞마당은 그때에도 있었을 터이니 바로 이 자리에 세조가 있었고 성삼문 등은 죄인으로 이 마당에 꿇어 앉아 있었을 것을 생각하면 감회가 새롭다. 바로 이 마당에서 세조와 사육신의 논쟁이 있었다고 하니 신기할 따름이다.

나는 이곳에 오면 혼자 실없이 웃곤 한다. 1970년대 전반으로 기억되는데 지금은 제목도 기억나지 않는 무협영화가 생각나서 그렇다. 그 영화 장면 중에 바로 이곳에서 무예의 고수들이 싸움을 하고 아궁이에 들어가 있던 장면이 있었다. 그때에는 별 생각 없이 그런 영화를 보았지만 지금 생각하면 어이가 없다. 어떻게 조선의 법궁에서 그런 싸구려 무술 영화를 찍게 했는지 이해가 안 된다. 그러나 그때는 다 그랬다. 창덕궁의 부용정 위에 있는 주합루에서도 무술 영화를 찍어댔으니 말이다. 이것은 1970년쯤의 일인데 비원에 놀러갔다가 이곳에서 무술 영화 찍는 것을 직접 목도한 적이 있었다. 그때는 홍콩 무술영화를 한국에서 찍는 일이 비일비재해 이런 일이 자주 발생했던 모양이다. 하지만 다 먼 옛날의 일이다.

강녕전

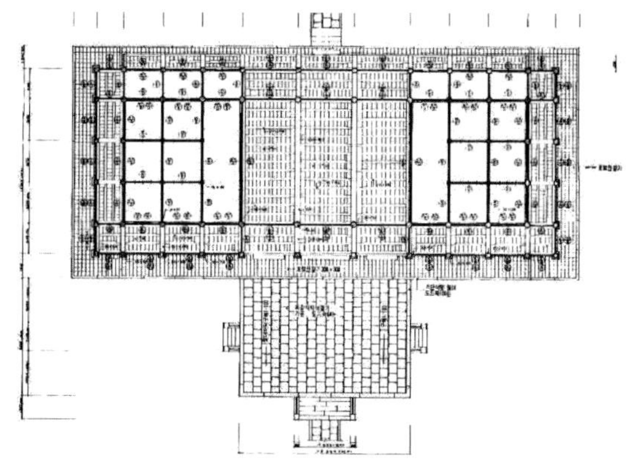

강녕전 도면

강녕전에서 생각해보는 왕의 일상생활 - 왕은 어떻게 먹었을까?

이제 우리가 갈 곳은 사정전 바로 뒤에 있는 강녕전(康寧殿)이다. 이곳은 잘 알려진 대로 왕의 침실이다. 조선 초에는 이 건물을 왕과 왕비가 같이 사용했다고 하는데 지금은 모두 왕의 침실이라고만 소개하고 있어 여기서도 그것을 따르겠다. 왕이 혼자 썼든, 같이 썼든 그것은 중요한 일이 아니다.

이 건물에 오면 해설사들이 항상 하는 말이 있다. 용마루가 없는 건물이라는 것인데 그 이유는 잘 알려져 있다. 건물 안에 용, 즉 왕이 있어 다시 용마루를 설치할 필요가 없다는 것이다. 여기서 내가 보려고 하는 것은 그런 뻔한 설명이 아니라 왕의 일상이다. 일상생활 중에도 특히 먹고 자는 데에 대해서 보았으면 한다. 왕은 어떻게 먹고 어떻게 잠을 잤는지 보자는 것이다. 왕은 새벽 서너 시면 깨어나 하루 일과를 시작한다. 대비 같은 어른들에게 아침 인사를 드리고 신하들과 간단하게 회동한 뒤 7시 경에 죽 같은 것으로 간편 식사를 한다. 왕이 정식의 아침 식사, 즉 수라를 먹는 것은 오전 10시 경이라고 한다.

수라상을 말할 때 항상 나오는 말은 임금님 밥상에는 가장 많은 반찬이 올라간다는 것이다. 반찬이 12 가지나 되니 말이다. 그러니까 이 말은 조선에서는 아무리 큰 상이

수라상(문화재청 제공)

라도 반찬이 12 가지 이상은 올라가지 못한다는 것을 뜻한다. 아무리 벼슬이 높은 관리라도 12 가지 이상의 반찬을 먹지 못했다는 것인데 과연 이게 지켜졌는지 그 여부는 잘 모르겠다. 또 반찬을 말할 때도 어느 것까지 반찬이라고 했는지 확실하지 않은 것 같다. 그런데 조심해야 할 것은 수라상이 12첩 반상이라고 해서 꼭 반찬이 12개만 올라갔다는 것은 아니라는 것이다. 실제로는 이보다 조금 더 올라간 것 같다. 이 사정을 알기 위해서는 수라상의 구성에 대해서 보아야 한다.

임금의 수라상은 보통 3개의 상으로 차려진다. 이 중 관용적으로 우리가 수라상이라 일컫는 것은 '대원반'이라 불리는 제일 큰 상에 차려진다. 12첩 반상이 바로 이것이다. 그런데 이 12 가지 반찬 외에 장(醬) 같은 기본 반찬이 포함되기 때문에 전체 반찬은 약 20가지 정도가 된다. 그리고 흰밥과 탕이 놓이는데 탕으로는 미역국을 많이 올린다고 한다. 그 바로 옆에 있는 곁반은 소원반이라고도 불리는데 여기에는 홍반, 즉 색이 붉은 팥밥이나 곰국 등이 놓인다. 또 바로 앞에는 사각반이 있어 전골 같은 별식을 준비해 놓는다. 그런데 수라를 차려놓은 사진을 보면 대원반 앞에 작은 상이 하나 더 있는 것을 발견할 수 있는데 이 상 위에는 요즘말로 하면 냅킨이라 할 수 있는 '휘건'을 놓아둔다.

사실 이 수라상에서는 이보다 훨씬 복잡한 일이 벌어지고 있어 세세하게 파면 한이 없다. 음식의 종류도 다양하기 그지없어 다 알기 어렵지만 상궁들의 역할에 대해서도 궁금하다. 내가 가장 궁금한 것은 왕이 밥을 먹을 때 구체적으로 어떤 순서로 했는지에 관한 것이다. 이를 테면 왕이 어떤 절차에 따라 밥을 먹었느냐는 것이다. 예를 들어 기미상궁이 미리 유독(有毒) 여부를 검사하기 전까지 왕은 어떤 음식도 먹지 않았는지도 궁금하고 왕은 어느 정도까지 자율적으로 밥을 먹었는지도 궁금하다. 특히 왕이 밥을 먹을 때 모든 수저질을 혼자 해서 먹었는지 궁금하다. 멀리 있는 반찬은 직접 먹기 힘들었을 텐데 그럴 때에는 궁녀들이 어떻게 도와준 것인지, 또 그 음식들을 가져다가 어디다 어떻게 놓은 것인지 등등 궁금한 게 참으로 많다. 왕의 앞에는 수저가 두 벌이 있다. 각각 기름기 있는 음식과 그렇지 않은 음식을 먹을 때 쓰라고 놓은 것인데 그걸 왕 자신이 구분해서 썼을까 하는 의문도 생긴다. 이 전반적인 과정이 어떻게 진행되었는지가 매우 궁금한데 이것을 속 시원히 말해주는 문헌을 아직 찾지 못했다.

이런 주제는 잘 알 수 없으니 지나치기로 하지만 내가 조선 왕의 수라상과 관련해 말하고 싶은 게 또 하나 있다. 그것은 이 밥상이 한 나라의 왕의 밥상이라고 하기에는 조금 빈약한 것 아니냐는 것이다. 반찬이 20여 가지라고 하지만 이 정도는 요즘 한정식 집에 나오는 반찬 수준도 안 된다. 그리고 밥도 겨우 두 종류만 있다. 그뿐만이 아니라 밥상도 3개밖에 안 되고 게다가 바닥에 '쭈그리고' 앉아서 먹는 것도 그리 보기 좋지 않다. 또 옆에는 기껏 궁녀들 몇 명밖에 없다. 이런 상황에서는 도무지 일국의 왕의 품위나 격조가 보이지 않는다. 당최 장엄한 맛이 없다. 유럽의 영주들은 큰 방에서 긴 식탁을 놓고 온갖 '폼'을 다 잡으면서 식사를 한 것 같은데 조선 왕은 너무 수수하게 먹은 느낌이다.

그렇게 먹다가 큰 가뭄이나 홍수가 나면 왕은 자신의 반찬을 줄이라는 명을 내린다, 즉 감선(減膳)을 하라는 것이다. 그 얼마 안 되는 반찬마저 줄이라고 하는 것이다. 나는 이 방에 올 때마다 바로 이런 데에서 조선 정치의 단면을 느껴야 한다고 역설하곤 했다. 왕이라 해도 자기 마음대로 화려하게 살 수 없다는 것, 그것이 바로 조선의 정치가 보여주는 진정한 모습이다. 그리고 나라에 변고가 있으면 왕이 먼저 행동거지를 삼가는 모습이야말로 여민동락, 즉 백성과 즐거움(그리고 고통)을 같이 해야 한다는 유교의 정치 이념을 잘 반영하고 있다고 하겠다. 조선은 이렇게 정치를 했기에 그 역사가 오백 년 이상을 간 것이다.

왕의 나이트 라이프는? 그 다음에 살필 것은 왕은 어디서 어떻게 잤느냐는 것이다. 쉽게 말해 나이트 라이프에 대한 것인데 왕의 침실을 보면서 왕은 밤을 어떻게 지냈는지 궁금해진다. 여기에는 왕이 성생활도 포함되겠다. 왕이 어떤 방에서 잤는지는 잘 알려져 있다. 가장 모범 답안은 우물 정, 즉 井 자처럼 생긴 방에서 잤다는 것인데 왕은 그 가운데 방에서 잤다(다른 설도 있지만 번거로워 생략한다). 이 침실의 구조에 의미를 부여하는 사람들은 가운데 방이 태극(혹은 황극)을 의미하고 8개의 방은 8괘를 의미한다고 설명하기도 한다. 그리고 이 각각의 방에 나인들이 한 명씩 배치되어 숙직을 한다고 하는데 임금은 머리를 북쪽으로 두고 자기 때문에 북쪽 방에는 나인이 배치되지 않았다는 설도 있다. 평소에는 그렇게 자다가 왕비나 후궁 등과 합방을 하면 나이 많은 궁녀 2~3인을 제외하고 모두 퇴청한다고 알려져 있다.

이런 이야기를 들을 때마다 항상 드는 의문이 있었다. 먼저 나인들이다. 이들은 밤새 꼼짝하지 못하고 앉아서 날을 지샐 터인데 이게 사실이라면 그들은 얼마나 힘들까? 이때에 나인들은 왕이 자는 것을 볼 수 없지만 그들끼리는 서로 볼 수 있다고 하니 누가 조는지 알 수 있을 것이다. 그런데 밤새 그 좁은 공간에서 어떻게 앉아서 졸지 않고 버텼는지 궁금하기 짝이 없다.

그 다음에 더 이해가 안 되는 것은 왕이 여인들과 합방했을 때의 일이다. 이 방의 구조 상 왕의 방은 가려져 있어 그가 자는 것은 보이지 않는다고 했다. 그렇지만 소리는 다 들릴 수밖에 없는데 이런 데에서 성교를 한다는 것이 정녕 이해하기 힘들다. 인간은 자신이 하는 행동 가운데 유독 비밀리에 하는 것이 있는데 그것은 바로 성교다. 성이 완전히(?) 자유화된 지금도 절대로 성교는 다른 사람이 보는 앞에서 하지 않는다. 아무리 개인의 자유가 많이 보장된 나라도 공중 석상에서 성교 하는 사람은 체포된다.

그런데 임금은 그 은밀한 행위도 두세 명의 여자가 지키고 있는 데에서 해야 하니 기괴하다는 것이다. 더 재미있는 것은 이 여성들이 왕의 성교 현장을 그저 주시하는 것으로 그치는 것이 아니라 옆에서 조언을 주면서 코치를 한다는 것이다. 이때 가장 흔하게 등장하는 조언은 '몸의 건강을 위해 너무 오래 하지 마시라'는 것이었던 모양이다.

사정이 이렇게 된 것은 왕의 성행위는 쾌락을 위한 것이 아니라 오로지 후사, 즉 왕자를 생산하기 위한 일이기 때문일 것이다. 그러니 왕의 개인적인 사정은 염두에 두지 않는 것이다. 게다가 왕은 인간이 아니라 거의 신과 같은 존재라 그를 사사로운 존재로 여기지 않는다. 그 때문에 왕의 모든 행동은 성스럽고 공적인 것이 된다. 이것은 성행위 같은 가장 사적인 것에도 적용된다. 왕에게는 사적인 영역을 인정하지 않기 때문에 이것도 공적인 영역으로 바뀐 것 아닐까 하는 생각이다.

이렇게 생각하면 왕 노릇하는 것이 얼마나 힘든 것인지 알 수 있지 않을까. 도무지 개인의 사적인 생활을 인정하지 않으니 말이다. 사람은 사회생활을 할 때 사람을 많이 만나면 반드시 혼자 있는 시간이 필요하다. 그렇지 않으면 내적인 역동(dynamics)에 혼란이 생겨 엄청난 스트레스를 받는다. 그런데 왕의 생활을 보면 사적인 부분이 전혀 없다. 가장 은밀한 성생활까지 직접적인 간섭을 받으니 말이다. 도대체 왕들은 어떤 방식으로 이런 생활을 견디어 나갔는지 신기하다. 게다가 왕은 합방하는 것도 자신이 원해서 하는 것이 아니다. 내명부에서 여러 가지를 따져 왕자를 회임하기 좋은 날을 잡아 왕비와 동침하라고 하면 그것을 따라야 한다. 여기서도 왕의 개인적인 사정이 철저히 무시되는 것을 알 수 있다. 성적인 것은 본능적인 것이라 자기 마음대로 되는 것이 아니다. 따라서 왕도 사람인지라 여자와 합방하기 싫은 날이 있을 터인데 그런 때에는 어찌 했는지 궁금하다. 이것은 흡사 입맛이 없어 밥 먹기가 싫은데 억지로 먹게 하는 것과 같아 많은 무리가 있었을 것이다. 이런 것을 통해 보면 왕은 인간으로 살기를 포기하지 않으면 견디기 힘든 자리이었을 것 같다.

왕의 성 생활에 대한 질문은 끝이 없는데 그런 것 말고 일상적인 밤 생활에 대해서도 의문이 끊이지 않는다. 의문은 이런 것이다. 모든 업무를 마치고 왕이 자러 방에 들어왔다고 치자. 그러면 왕은 자기 전에 어떻게 할까? 우리는 자기 전에 옷을 잠옷으로 갈아입고 몸을 씻고 이를 닦는다. 이런 걸 왕은 어떻게 했느냐는 것이다. 우리가 왕의 일상에 대해 아는 것은 그리 많지 않다. 그 중에서 우리는 왕이 이른바 매화틀이라 불리는 용변기로 크고 작은 일을 해

강녕전 굴뚝

결한다는 것만 알고 있을 뿐 다른 것은 잘 모른다. 왕이 만일 목욕을 하고 자겠다면 그는 어디에서 목욕을 할까? 강녕전 안에 세수간이라는 곳이 있었던 모양인데 왕은 거기서 어떻게 목욕을 했을까? 또 목욕은 말고 간단하게 씻고 이만 닦을 때는 어떻게 할까? 그냥 이 집 안에서 해결했을까? 이것도 확실히 모른다. 마지막으로 왕은 어떻게 옷을 갈아입을까? 아마도 궁녀가 옷을 입혀주고 벗기고 할 터인데 궁녀들은 어느 옷까지 입혀주었을까? 특히 궁녀들이 왕의 마지막 속옷까지 다 갈아주었는지 궁금하다. 그러면 왕이 나신이 될 터인데 그래도 괜찮은 것인지 모르겠다. 그렇게 한 다음 왕은 어떤 잠옷을 입을까? 특별한 옷이 있는지, 또 머리는 어느 정도로 풀고 자는지 하는 등등의 의문이 봇물처럼 쏟아져 나오는데 이것을 속 시원히 말해줄 책이나 사람이 보이지 않으니 난감할 뿐이다.

왕비의 거처라 우아한 교태전과 그 후원 강녕전에서 이 정도 보았으면 왕의 세세한 일상은 대체로 본 셈이다. 물론 답을 얻은 것보다 얻지 못한 것이 많았지만 말이다. 우리는 서둘러 뒷건물로 가보자. 그곳에는 다 아는 것처럼 왕비의 거처인 교태전(交泰殿)이 있다. 그런데 교태전 정문 옆을 보면 양쪽에 웬 굴뚝이 있는 것을 발견할 수 있다. 굴뚝처럼 보이지 않지만 이것은 놀랍게도 강녕전 굴뚝이다. 굴뚝을 따로 설치하지 않고 교태전 담 안에 넣은 것이다. 매우 재미있는 발상이다. 왼쪽 굴뚝에는 '만수무강'이라는 글자가, 오른쪽 굴뚝에는 '천세만세'라는 글자가 있는데 전서체로 되어 있어 읽기가 쉽지 않다.

교태전에 있는 건물도 언급할 거리가 못 된다. 새 것이기 때문이다. 이 건물 앞에서 우선적으로 할 이야기가 있다면 건물 이름에 대한 것이다. '교태'라는 이름은 주역의 11번째 괘인 지천태 괘의 설명에 나오는 '천지교태'라는 단어에서 따온 것으로 알려져 있다. 이 앞에 가면 내가 항상 제자들에게 하는 농이 있다. 교태라는 단어를 학생들에

아미산 정원 전체 모습

게 해석해주면서 '왕을 침소에 들게 하기 위해 왕비에게 교태를 부리라'는 뜻이라고 하면 반 정도는 믿는다. 이 괘는 두 부분으로 되어 있는데 아랫부분이 건괘, 즉 하늘이나 남성을 의미하고 윗부분이 곤괘, 즉 땅이나 여성을 의미한다. 자연의 모습과는 반대로 된 것인데 이론가들은 하늘의 기운은 아래로, 땅의 기운은 위로 가는 것이라 이렇게 되면 천지의 기운이 조화를 이룬다고 한다. 왕과 왕비도 이렇게 기운을 교환해 화평하시라는 것인데 하늘과 땅의 자리가 바뀌었는데 어떻게 화평할 수 있을지 모르겠다. 주역은 암만 보아도 어려운 경전이라 그 해석에 대해 비전문가인 내가 뭐라고 말할 수 없다.

아미산 정원의 굴뚝

이 영역에서 주의 깊게 볼 것은 이 건물 뒤에 있는 후원, 즉 뒷마당(정원)이다. 이 정원은 보통 아미산 정원이라 불리는데 여기에 있는 굴뚝은 심지어 보물(제811호)이다. 이 후원은 많은 이야기를 갖고 있다. 여기서 우선 알아야 할 것은 한옥에서는 정원을 뒷마당에 만든다는 것이다. 앞마당에는 정원을 만들지 않는다. 앞마당은 일하는 공간이고 가끔은 결혼식이나 장례식 같은 의례를 치러야 하는 공간이라 비워두어야 한다. 반면 뒷마당에는 정원을 만들어 안채에 고립되어 있는 주부가 쉴 수 있는 공간을 만들어준다. 조선의 주부들은 안방에 처박혀서 잘 나다닐 수 없기 때문에 답답했을 것이다. 이때 후원은 그들에게 숨통을 틔

왕비의 눈높이에서 본 아미산 정원

어주는 역할을 한다. 이런 것 등이 한옥에서 정원이 뒷마당에 있어야 하는 이유다.

이 아미산 정원은 한국 정원의 전범을 그대로 보여주고 있다. 한국 정원, 특히 후원의 가장 대표적인 양식은 형태를 계단식으로 만들고 각 계단에 꽃을 심는 것이다. 그래서 화계(花階), 즉 꽃계단이라 부르는데 꽃으로는 매화, 모란, 앵두, 철쭉 등을 심는다. 그리고 중국적 원리에 따라 물(연못)과 산을 조성했다. 이 원리에 따르면 정원에는 연못과 산이 들어가야 한다. 그래서 중국의 옛 정원을 보면 연못과 산을 인공적으로 조성해 놓았다. 그런데 아미산 정원처럼 작은 정원에는 이것을 만들어 놓을 수 없다. 이런 경

굴뚝 한 면의 모습

우에는 연못과 산을 미니어처로 만들어 배치한다. 연못은 작은 수조(水槽)로 대치하고 산은 괴석으로 대치했다. 이 정원에 수조와 괴석이 있는 것은 그런 이유다. 이렇게 보면 이 작은 공간에 자연의 모든 것, 즉 물과 산이 들어가 있는 것을 알 수 있다.

이런 식으로 4단의 계단을 만들고 뒤에는 아미산이라고 부르는 가산을 만들었다. 아미산은 중국 사천성에 있는 산으로 불교와 도교의 성지로 간주된다. 이 산은 높이가 3천 미터나 되는 꽤 높은 산인데 그 정상에는 보현보살이 산다고 전해진다. 나는 이 산의 정상에 가본 적이 있는데 보현보살을 모신 아주 큰 법당이 있었다. 정상이 상당히 높기 때문에 버스를 두 번 갈아탔고 그 다음에는 케이블카를 탔다. 케이블카 정거장에서도 걸어서 꽤 올라갔던 기억이 난다. 그때 보니 이 산은 가히 성지라 불릴 만했다. 바로 이 산을 작게 만들어 여기에 가져다 놓은 것이다. 교태전 뒷마당에 아미산을 만든 이유는 백악산의 정기를 받아 왕자를 순산하라는 뜻이 있다는 설이 있다.

사실 이 정원에서 주의 깊게 보아야 할 것은 굴뚝이다. 이 굴뚝은 하도 예쁘게 만들어져 있어 설명해주지 않으면 굴뚝인지 모르는 경우도 있다. 주황색 벽돌로 겉면을 처리하고 그 위에 집처럼 서까래와 지붕을 얹어 놓았기 때문에 굴뚝으로 보이지 않는 것이다. 그래서 이것은 굴뚝이 아니라 탑처럼 보인다. 또 굴뚝은 보통 집 건물에 바싹 붙어 있는데 이것은 멀리 떨어져 있어 사람들이 굴뚝인지 눈치 채지 못하는 것이다. 그래서 사람들에게 이게 굴뚝이라고 하면 대부분 놀라는 표정을 짓는다.

그런데 이렇게 굴뚝이 건물과 떨어져 있으면 이것은 이 건물의 격이 매우 높다는 것을 뜻한다. 굴뚝은 연기가 나니 가능한 한 건물에서 떨어져 있는 것이 좋다. 그런데 그렇게 하려면 공사가 쉽지 않고 비용이 많이 든다. 그래서 아무 건물에나 이런 굴뚝을 만들 수 있는 게 아니다. 생각해보라. 굴뚝이 저렇게 먼 곳에 있다는 것은 이 마당 밑으로 굴뚝 길이 있다는 것이다. 그래야 아궁이에서 생긴 연기를 저 굴뚝으로 뽑아낼 수 있지 않겠는가? 이렇게 만들려면 공사가 크고 자칫하면 굴뚝이 연기를 잘 뽑아내지 못할 수도 있다. 공사가 잘못되면 그렇게 될 수 있다는 것이다. 따라서 상당히 정련된 기술이 필요했을 텐데 이곳이 왕비의 거처라 그런 기술을 활용했을 것이다.

이 굴뚝이 갖고 있는 특징은 이 굴뚝을 장식하고 있는 문양에서 찾을 수 있다. 한 마디로 말해 이 문양들은 대단히 비싼 것이다. 그러니 굴뚝 제작에 들어간 비용이 상당했을 것이다. 그 문양들을 보면, 맨 밑에는 불가사리를 부

왕비가 아기를 낳던 건물인 건순각 현판

조한 벽돌을 끼웠고 그 위에는 직사각형 회벽에 십장생과 사군자, 혹은 만(卍) 자 문양을 넣었으며 그 위에는 봉황이나 도깨비 얼굴[귀면, 鬼面] 등이 부조된 벽돌을 넣었다. 그리고 맨 위에는 회벽에 당초문을 조각한 것을 넣었다. 그러니까 4층에 걸쳐 지극히 화려한 문양들이 삽입되어 있어 이 굴뚝이 비싸다고 한 것이다. 이 가운데 특히 중간에 크게 넣은 십장생과 사군자 문양이 상당히 비싼 모양이다. 이것들은 만드는 데에 돈이 많이 들어간단다. 이것이 비싼 이유는 이 문양들을 하나하나 구워서 만들었기 때문이란다. 들리는 소문에 의하면 이 사각형 문양 하나 만드는데 수백만 원 내지 천만 원 정도가 든다고 하는데 정확한 금액은 알려져 있지 않다. 좌우간 이 굴뚝 하나 만들기 위해 조선 왕실은 많은 비용을 지출하고 세심하게 배려한 것을 알 수 있다. 조선의 건물 가운데 이렇게 아름다운 굴뚝을 가진 집은 없다는 의미에서 이 정원의 가치는 더할 나위 없이 크다고 하겠다. 이것은 이 공간이 왕비가 거하는 곳이라 가능했을 것이다.

그 다음 문제는 이 정원을 어떻게 감상하느냐이다. 이것을 알려면 이 정원이 누구를 위해 만들어졌나를 알아야 하고 그 주인공의 자리를 찾아야 한다. 바로 그 지점이 이 정원을 가장 아름답게 감상할 수 있는 자리이기 때문이다. 우리는 같은 실례를 경회루에서 검토해보았다. 경회루는 왕을 위해 만들어진 것이고 왕의 자리에서 볼 때 가장 아름다운 풍경이 펼쳐진다고 했다. 말할 나위 없이 이 아미산 정원은 당연히 왕비를 위해 만들어진 것이다. 그러면 왕비의 자리는 어디일까? 왕비가 이 정원을 가장 많이 관람하는 자리는 마루나 자신의 침실일 텐데 중요한 것은 그 높이다. 과연 왕비가 어떤 자세로 이 정원을 보았겠느냐는 것이다. 아마 왕비는 마루에 앉아서 이 정원을 보는 경우가 가장 많았을 것이다. 그렇다면 왕비의 눈높이에서 보아야 이 정원이 가장 아름답게 보일 것이다. 그런데 우리가 이곳에 가면 대부분 땅바닥에서 이 정원을 보게 된다.

그러니 왕비의 눈높이가 나오지 않는다. 땅바닥은 일하는 궁녀가 있는 곳으로 그곳에서 보면 좋은 경광이 보이지 않는다. 그렇지만 우리가 왕비의 자리인 마루로 올라갈 수는 없다. 따라서 대체 장소를 찾아야 하는데 마침 그런 곳이 있다. 교태전으로 올라가는 계단을 올라가면 대체로 왕비가 보는 높이가 나온다. 실제로 그곳에 올라가서 보면 밑에서 보는 것과는 퍽 다른 경치가 보인다. 그런데 그곳은 좁은 계단 위라 오래 있을 수 없다. 그래도 여기에 오면 반드시 그곳에 오르기를 권한다.

교태전보다 더 큰 자경전 이제 이곳을 떠나기로 하는데 방 하나에 건순각(健順閣)이라는 현판이 걸려 있는 것을 발견할 수 있다. 이곳은 왕비가 아기를 낳던 곳이라고 한다. 그런 생각을 하면서 뒤쪽으로 나가면 휑한 공간이 나온다. 물론 이전에는 이곳에 건물이 있었다. 건물 자리에는 잔디를 심어 놓아 그 위치를 알 수 있다. 그 잔디를 건너가면 독채처럼 되어 있는 건물이 있다. 자경전(慈慶殿)이다. 이 건물은 고종을 왕으로 만드는 과정에서 일등공신의 역할을 했던 조대비(신정왕후)를 위해 지은 것이다.

이 분은 순조의 며느리로 들어왔으나 남편인 효명세자가 일찍 죽는 바람에 자신은 왕비가 되지 못하고 대신 아들을 왕(헌종)으로 만든 분이다. 그런데 이 아들도 오래 살지 못하고 죽어 철종이 즉위하는데 이때에도 조대비는 그저 왕대비로 있으면서 지켜보기만 했다. 그러다 철종 대에 순조의 비이면서 대왕대비였던 순원왕후가 죽자 그녀가 대왕대비가 되어 대궐에서 가장 높은 어른이 되었다. 일이 생긴 것은 철종이 일찍 죽어 후사 문제가 불거진 이후였다. 철종이 후사 없이 갑자기 세상을 뜨는 바람에 조대비는 대궐의 가장 큰 어른으로서 다음 왕을 고를 수 있는 위치에 있었다. 그는 철종이 생전에 안동 김씨의 세도정치 때문에 힘을 못쓰는 것을 보고 다음 왕으로 이 김 씨 세력을 꺾을 수 있는 사람을 원했다. 그런데 그 후보에 오를 수 있는 사람들은 김 씨들이 모두 봉쇄했기 때문에 적절한 왕손을 찾을 수 없었다. 그러다 조대비는 철저한 위장전술로 안동 김 씨의 눈을 피해 있었던 대원군 이하응과 연결된다. 이 두 사람은 뜻이 잘 맞아 이하응의 둘째 아들을 왕으로 세우기로 약조하게 된다. 만일 철종의 아들들이 죽지 않았다면 조대비는 아무 힘도 쓰지 못했을 것이다. 그런데 마침 철종이 후사가 없이 죽는 바람에 그 막강한 권한이 조대비 손으로 들어온 것이다. 그러니 고종을 만드는 데에 있어 조대비의 공은 지대하다고 할 것이다. 이렇게 보면 조대비는 정작 자신은 왕비가 되지 못했을 뿐만 아니라 자신의 남편을 포함해 3명의 왕이 죽는 것을 보았으니 기구한 운명을 지닌 사람이라 하겠다. 그가 죽은 다음에 받은 시호는 56자나 되었다고 하는데 이는 왕비(?)의 시호 중에 가장 긴 것이라고 한다.

그런 까닭으로 생각되는데 이 집은 왕비의 처소인 교태전보다 규모가 크다. 사실 대궐에서 여자가 사는 집 가운데에 왕비 집보다 더 큰 것이 있으면 안 된다. 그것은 당연한 것 아니겠는가? 왕비가 이 궁의 안주인이니 말이다. 그런데 이 집을 이렇게 크게 지은 것은 대원군이 자신의 아들을 왕으로 만들어준 조대비에게 예를 다하고 은혜를 보답하기 위함이었다. 대원군은 그가 '상가집 개'라는 오명을 감수하면서 보호한 아들을 조대비가 간택해 주었으니 그 고마움은 이루 말할 수 없었을 것이다. 그런 심사 아래 대궐의 법도를 어기고 조대비의 거처를 왕비 것보다 더 크게 만들어준 것이다. 이 집 한 채가 44칸이나 된다고 하니 개별 건물로는 상당히 큰 것을 알 수 있다.

그런데 여기서 보아야 할 것은 그런 역사적인 것이 아니라 이 건물을 둘러싸고 있는 담과 굴뚝이다. 이 자경전 건물은 보물(제809호)이다. 고종 대에 만들어진 것으로 궁 안에 있는 침전 건물로는 유일하게 남아 있는 것이다. 그런데 건물은 그게 그거라 한 번 둘러보면 되겠고 우리가 관심을 기울여야 할 것은 담에 만들어진 문양들이다. 이 담에는 교태전의 굴뚝과 같은 방법으로 만들어진 꽃들이 수를 놓고 있다. 서쪽 담이 이렇게 되어 있는데 바깥쪽에는 흙을 매화, 모란, 대나무, 나비, 연꽃, 국화, 천도, 석류 등의 꽃 모양으로 구워서 그것을 판에 끼워 넣어 아름다운 그림을 만들었다. 그리고 오른쪽 끝에는 여러 개의 꽃과 나비 등을 구은 것을 가지고 큰 그림을 만들어 놓았다.

이 이외에도 문을 가운데 두고 오른쪽에는 창문 밑에 아름답고 다양한 문양이 있으니 이것도 놓치면 안 된다. 궁내에 이보다 더 아름다운 담은 없을 것이다. 이것은 조대비가 여성이고 가장 높은 어른이라 혼신을 다해 우대를 해 준 것이리라. 그런데 이런 모습이 바깥에만 있는 것이 아니다. 문 안으로 들어가서 보면 담 안쪽에도 아주 아름다운 문양들이 있는 것을 볼 수 있다. 이곳에도 격자문(格子文) 모습이나 육각문, 오얏(자두)꽃 모양으로 담이 아름답게 장식되어 있다.

이 문양에 대해서는 따로 설명하지 않으련다. 그냥 그 앞에 가서 감상하면 되지 그것을 지면에서 말해봐야 실감이 나지 않기 때문이다. 그런데 실제로 가서 보면 솔직히 말해 아름답다는 생각보다 세부가 너무 대충 표현되어 있어 부실하다는 느낌을 받는다. 특히 몇몇이 그렇다. 꽃이

자경전 꽃담

자경전 안쪽에 있는 문양

나 이파리들이 정교하게 묘사되어 있지 않다. 그리고 중간에 끊긴 부분도 있고 새 것과 헌 것이 같이 맞물려 있는 등 전체적으로 부실하다는 느낌을 지울 길이 없다. 그래서 아름답다기보다는 산만하다는 느낌을 받는다. 게다가 원래는 색깔이 칠해져 있었을 텐데 그게 다 벗겨져서 그런지 더 더욱이 아름답다는 생각이 들지 않는다. 그래서 이 꽃담을 볼 때마다 이상하다는 생각이 끊이지 않았다. 내게 드는 확신은 원래는 이렇지 않고 분명히 아름다웠을 것이라는 것이다. 대왕대비가 사는 집인데 이렇게 엉성한 장식을 그냥 놓아두었을 리가 없다. 지금 이렇게 된 것은 관리가 제대로 되지 않았기 때문이 아닌가 싶다. 이 문양들을

자경전 담 꽃 문양

십장생 굴뚝

굴뚝의 부분

일제강점기에 촬영한 십장생 굴뚝 (국립중앙박물관 제공)

구을 수 있는 기술자들이 없는 것인지 아니면 돈이 없는 것인지 그것은 잘 모르겠다.

관리가 잘못된 것처럼 보이는 것은 또 있다. 자경전 뒷담에 있는 십장생 굴뚝이다. 이것도 보물(제810호)이니 유물로서 가치가 높은 것이다. 이렇게 생긴 굴뚝은 이것 하나밖에 없어 그 가치가 더욱 크다고 하겠다. 이 굴뚝은 조선의 굴뚝 가운데 가장 아름다운 것으로 꼽히기도 한다. 이 굴뚝은 설명을 해주지 않으면 그것이 굴뚝인 줄 모를 수도 있다. 그저 아름다운 담으로 보이기 때문이다. 맨 위에 있는 굴뚝의 끝부분이 흡사 새집처럼 보여 더 더욱이

자경전 굴뚝 윗부분 문양

굴뚝처럼 보이지 않는다.

이 굴뚝에는 실로 많은 것들이 문양으로 박혀 있다. 기이하고 중요한 것들은 다 들어 있는 느낌이다. 맨 윗부분을 보면 가운데 이상한 것이 있는데 이것은 나티라고 한다. 나티는 짐승 모양을 한 귀신 혹은 도깨비라고 하는데 검붉은 곰을 지칭하기도 한단다. 아마 벽사의 기능을 하라고 박아 놓은 것일 게다. 그 양 옆에는 학이 배치되어 있다. 아래 벽에는 많은 것들이 있는데 각각을 보면, 해, 산, 구름, 바위, 소나무, 거북, 학, 바다, 사슴, 포도, 연꽃, 대나무, 불로초 등이 있는 것을 알 수 있다. 그 뜻은 어느 정도 짐작할 수 있다. 해나 바위, 거북 등과 같은 십장생 등은 당연히 장수를 상징한다. 그런가 하면 포도는 그 송이만큼 많은 자손(아들)을 갖고 싶어 포함시켰을 것이다. 그리고 좌우의 좁은 벽에는 박쥐와 당초문이 박혀 있다. 박쥐는 말할 것도 없이 부귀를 상징한다. 그리고 맨 아래에는 불을 잡아먹는 불가사리가 있다.

이 굴뚝 앞에서도 나는 꽃담에서 느꼈던 것과 같은 감정이 든다. 조선에서 가장 아름답다는 담이 아름답게 보이지 않는 것이다. 그 점에 대해서는 이미 앞에서 다 논했다. 이 굴뚝도 원래는 분명 아름다웠을 것이다. 색깔이 제대로 칠해져 있으면 분명 아름다웠을 텐데 색이 바래서 지저분하게까지 보인다. 이것을 누가 어떻게 고칠 수 있을지 함께 생각해봐야 할 것이다. 이 정도면 자경전에서 중요한 것은 다 본 셈이다. 마지막으로 자경전을 한 바퀴 돌고 나가자.

건청궁 영역

자경전에서 북쪽으로 조금만 더 가면 경복궁의 후원인 향원지가 나온다. 이곳은 경복궁의 또 하나의 '핫 스팟'이라 할 수 있다. 그리고 그 뒤에는 건청궁이 있다. 이 건청궁이 바로 이 영역의 주인이다. 건청궁 옆에는 집옥재나 팔우정 같은 건물이 있는데 이 건물들은 건청궁의 부속 건물 같은 것들이다. 그리고 건청궁 앞에는 향원지라는 연못 정원을 두어 왕이 편하게 쉴 수 있는 공간을 만들었다. 이로써 이 영역은 별궁이나 이궁 같은 기능을 하게 된다. 이 궁이 세워진 것은 1873년의 일로 고종이 부친인 대원군의 간섭에서 벗어나 독립선언을 하면서 새로운 거처로 쓰기 위해 조성했다는 설이 있다. 잘 알려진 대로 이곳은 민황후 시해와 같은 큰 사건이 일어난 곳이다. 또 한국 전 역사에서 전기가 처음으로 만들어지고 사용된 곳이기도 하다. 따라서 할 이야기가 많은데 우리가 우선 마주치는 곳은 향원지이니 이곳부터 설명을 해야겠다. 이 향원지는 원림의 한 요소로 만들어진 것인데 이 원림에는 건청궁 옆에 있는 녹산(鹿山)도 포함되어야 한다.

후원의 백미, 향원지와 향원정 '향기가 멀리 간다'는 의미를 가진 이름의 향원지에는 원래 취로정(翠露亭)이라는 정자가 있었다고 한다. 세조가 1456년에 이 정자를 만들었다고 하는데 고종이 이것을 지금처럼 큰 연못 정원으로 만든 것이다. 이 연못과 정자는 건청궁을 1873년에 지으면서 같이 만들었을 것이다.

이곳의 정체를 어떻게 묘사할 수 있을까? 한 마디로 표

일제 강점기에 촬영한 향원정과 취향교(국립중앙박물관 제공)

향원지와 향원정(문화재청 제공)

건청궁에서 바라 본 향원정(문화재청 제공)

현하면 이곳은 왕실의 사적 정원 혹은 원림이라고 할 수 있다. 경회루가 국가의 공식 원림이라면 이곳은 왕실만의 정원이라는 것이다. 그러니까 고종이 왕후와 같이 건청궁에 살면서 가끔씩 나와 이 정자에서 휴식을 취했을 것이다. 그렇게 보면 연못이 꽤 크다. 반면에 정자인 향원정은 그다지 크지 않다. 이 정자에는 왕실 식구만 들어갈 터이니 클 필요가 없었을 게다. 이 정자는 경복궁에서 가장 아름다운 건물이지 않을까 싶다. 특히 건물과 관계된 모든 게 육각형으로 되어 있어 그 아름다움을 배가시킨다. 건물 부지가 육각형인 것부터 해서 건물이나 지붕이 모두 육각형으로 되어 있다. 그래서 아주 아름다운데 문제는 건물이

일제강점기에 촬영한 향원정(국립중앙박물관 제공)

섬에 있어 들어가 볼 수 없다는 것이다. 그래서 우리는 이 건물을 세세하게 보지 못하고 밖에서 원경만 볼 수 있을 뿐이다.

우리는 앞에서 이런 정원을 볼 때에는 이 정원의 주인이 누구이고 그의 자리가 어디인지를 알아야 한다고 했다. 바로 그 자리에서 볼 때 이 정원이 가장 아름답게 보인다고 하면서 말이다. 이 정원은 왕(과 왕비)을 위해 만들었으니 당연히 주인은 왕이다. 그러면 그의 자리는 어디일까? 그것이 정자의 2층이라는 것은 누구나 알 수 있다. 그곳에서 보아야 이 정원이 가장 아름답게 보이기 때문이다. 이 연못에는 연꽃을 심어 놓았다고 하니 2층에서 보는 연못은 매우 아름다웠을 것이다. 그런데 이 정자는 조금 특이한 점이 있다. 2층으로 되어 있는 점부터 남다른데 그것보다 이 두 층을 모두 막아서 방의 형태로 만든 것이 더 특이하다. 한국의 정자는 보통 개방형이다. 그러니까 기둥만 세우고 다른 것은 만들지 않는다는 것이다. 간혹 방이 있는 경우가 있는데 그럴 때에도 부분적으로만 방을 만들지 이 향원정처럼 전체를 방으로 만드는 경우는 별로 없다. 중국에는 이렇게 폐쇄된 방의 형태로 만든 정자가 많이 있는데 이 때문에 이 정자는 중국의 영향을 받아 만들어진 것 아닌가 하는 설도 있다.

우리는 이 정자의 내부가 매우 궁금한데 이 정자는 접근 자체가 원천적으로 봉쇄되어 있으니 내부를 보는 것은 언감생심(焉敢生心)이다. 그러나 인터넷 공간을 뒤져보니 어렵게 1층 내부의 사진을 구해볼 수 있었다. 그러나 저작권 때문에 이 지면에 싣지 못했다. 요즘(2020년 1월)에는 향원지 바로 옆에 홍보관을 세워 놓아 많은 정보를 접할 수 있다. 향원지가 수리 중이라 모든 것을 가려 놓았기 때문에 경복궁 관리사무소에서는 따로 홍보관을 세워 향원정을 소개하고 있다. 여기에 소개한 향원정 사진도 이 홍보관에 있는 모형을 찍은 것이다. 이곳에는 향원정 내부를 보여주는 사진들이 많이 있어 모처럼 그 은밀한 내부를 볼 수 있다. 이 공간은 매우 아름답지만 기하학적으로 복잡하게 되어 있어 설명하기가 힘들다. 특히 사다리꼴로 만든 창호가 아름다운데 조선에서 저런 모양의 창호를 갖고 있는 정자는 일찍이 보지 못한 것 같다. 육각형의 문양으로 장식되어 있는 천장도 특이하기는 마찬가지인데 이것을 다 설명할 필요는 없을 것 같다. 내부 장식이 복잡하니 일일이 설명하는 것보다 각자가 사진을 보면서 감상하는 게 나을 것이라는 생각이다.

그런데 이 정원, 특히 정자는 밖에서 보아도 매우 아름답다. 연못 주위를 거닐면서 보면 더더욱 아름답다. 이 정

향원정 모형

향원정 천정 모습(문화재청 제공)

원을 찍은 많은 사진에서 발견할 수 있는 것처럼 이 정자는 뒤에 있는 백악산과 중첩될 때 가장 아름답게 보인다. 이것은 경회루를 볼 때와 마찬가지라 하겠다. 어떤 각도에서 보아도 산과 겹치는 모습이 아름답기 짝이 없다. 그런데 여기서 이 영역을 볼 때 주의해야 할 점이 있다. 우리는 경회루 영역에서도 똑같은 잘못을 발견한 바 있다. 그것이 무엇일까?

경회루나 이 영역은 왕의 전용적인 공간이기에 지금처럼 '휑하니' 공간이 열려 있으면 안 된다. 그런데 이 향원지 영역은 지금 어떤 상황인가? 이 영역 역시 사방으로 개방되어 있다. 특히 국립민속박물관 쪽으로는 열린 공간처럼 되어 있다. 민속박물관 쪽에서 올라가면서 보면 향원지나 정자가 한눈에 다 보인다. 그런데 왕이 거주하는 공간이 이렇게 개방되어 있는 것은 있을 수 없는 일이다. 왕이 주석하는 지엄한 공간이 이렇게 장삼이사(張三李四)들의 눈에 띄면 안 된다.

이 영역의 옛 모습을 그린 것으로 추정되는 도면을 보면 이 공간은 향원지 밑에 있는 건물들과 담으로 격리되어 있는 것을 알 수 있다. 그리고 문이 있어 출입할 수 있게 해 놓았다. 이 공간은 당연히 이렇게 되어 있어야 한다. 그렇게 되어야 이 연못 정원의 정취가 살 수 있고 이 안에 있을

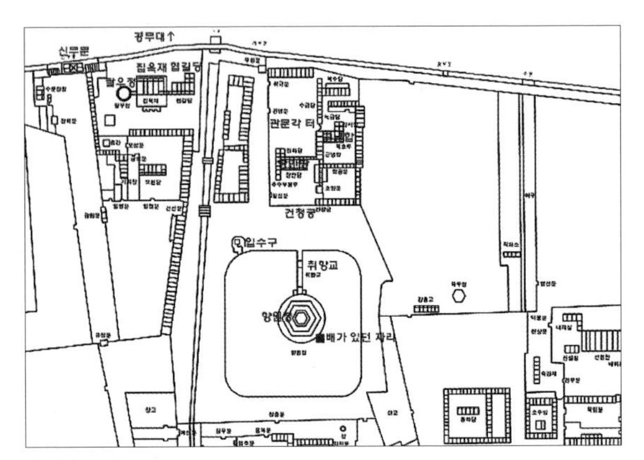

향원지 근처 도면

공사 중인 향원전

때 사적인 느낌이 들어 안온함을 체감할 수 있다. 이것은 경회루 영역이나 창덕궁의 부용지 영역도 마찬가지였다. 이 영역들은 현재 모두 개방되어 있는데 그 정원들을 제대로 감상하려면 반드시 담을 막고 보아야 한다. 지금도 그런 식으로 복원해놓아야 하거늘 왜 그냥 내버려 두는지 모르겠다. 이 상태로 있으면 궁궐의 내밀한 공간의 아름다움이 영 살아나지 않는다. 아니 더 나아가 외려 너절하게 보인다. 외국인들이 고궁에 많이 오는데 왜 이런 모습을 보여주는지 모르겠다. 일본의 절이나 고건축에 있는 정갈하기 짝이 없는 정원을 본 외국인들이 이곳에 와서 이런 정돈되지 못한 모습을 보면 무엇이라고 할까? 조선의 정원도 제대로 복원하면 일본의 정원에 버금갈 터인데 왜 스스로 내려깎는지 잘 모를 일이다.

조선의 미를 보여주는 향원지 이곳에 오면 반드시 생각해 보아야 할 것이 더 있다. 이 연못 정원이 한국 정원의 원형(?)에 가깝게 만들어졌다는 것이 그것이다. 원형이라는 단어는 꽤 강한 뜻을 갖고 있어 쓰기에 조금 망설여지지만 나는 조선조 말에 형성되어 우리에게 전승된 한국의 예술미가 전통 예술의 원형 같은 것이라고 생각한다. 그렇게 생각하는 이유는 우리가 전통이라고 여기는 것이 대부분

일제강점기에 촬영한 향원정과 취향교(국립중앙박물관 제공)

이때 형성되었기 때문이다. 이 문제는 다른 졸저(『한국인은 왜 틀을 거부하는가』)에서 상세히 다루었으니 다시 거론할 필요 없겠다. 이때 형성된 한국미의 특징으로 나는 '자유분방함'이라는 개념을 들었다. 이것은 한국인들이 매우 자유분방한 정신을 가졌다는 것을 의미한다. 그런 시각에서 나는 기회가 있을 때마다 한국인들은 질서를 거부하는 정신이 매우 강하다는 의견을 피력했다.

나는 이 향원지에서도 그 같은 자유분방함을 느낀다. 이에 대해서는 경회루 연못을 설명할 때 약간이나마 거론했

향원지 항공 사진

다. 경회루 연못은 왕실의 공식적인 정원이기 때문에 규범적인 직선으로 이루어진 장방형이었다. 그런데 이 향원지는 왕실의 사적인 정원이라 그런 규범을 따를 필요가 없었다. 그렇게 되니 한국인들은 바로 자신의 본모습을 되찾았다. 딱딱한 직선이 아니라 부드러운 곡선으로 연못의 주위를 처리한 것이다. 경회루 연못을 만들 때에는 정신을 똑바로 차리고 규범을 준수하려고 노력했지만 이 향원지로 오자 한국인들은 그만 마음이 풀어졌다. 그래서 자신들이 본래 갖고 있었던, 규범에서 벗어나 자유롭고 싶은 본마음을 발동시킨 결과 이런 정원을 만든 것이다.

이 향원지를 크게 보면 전체 형태는 사각형처럼 되어 있

향원지 호안 계단

창덕궁 후원 계단

신윤복의 '연당야유도'

다. 그러나 사진에서 보는 것처럼 그 사각형도 한쪽(건청궁과 녹원 쪽 모서리)이 조금 변형되어 있어 확실한 사각형의 모습이 나오지 않는다. 이 모서리의 각이 많이 일그러져 있는 것을 알 수 있다. 이 모습부터 벌써 사각형이라는 틀을 거부하는 것이다. 이처럼 규범적인 질서를 파괴하는 모습은 모서리를 처리하는 방법에서도 보인다. 모서리를 딱딱한 직각으로 만들지 않고 부드러운 곡선으로 둥그렇게 처리했기 때문이다. 그래서 엉성하게 보일 수 있지만 직선보다 훨씬 부드럽고 탈규범적이다.

원래의 취향교

취향교(요즘 모습)

그 다음으로 눈여겨 볼 것은 연못 테두리, 즉 호안(湖岸)의 처리이다. 여기에서도 한국 정원의 모습이 보인다. 한국의 전통 정원이 갖고 있는 특징 중의 하나는 계단을 선호한다는 것이다. 한국인들이 왜 계단을 좋아하는지에 대해서는 밝혀진 바가 없다. 그 대표적인 것이 앞에서 이미 본 교태전 뒷마당에 있는 화계, 즉 꽃계단이다. 이 같은 계단이 이 향원지의 테두리에도 보인다. 그런데 이곳의 계단은 교태전의 계단처럼 비율을 맞추어 정갈하게 만들지 않고 자연스럽게 처리한 것을 알 수 있다. 그래서 보는 사람들은 이것이 이 정원을 꾸미고 있는 요소라는 것을 알아채지 못한다. 호안을 자세히 보면 2~3개의 계단을 층으로 만

향원지에 있던 배

관문각에서 바라본 향원지

복원되고 있는 취향교

들어놓은 것을 알 수 있다. 그 모습이 매우 자연스러워 그것이 정원의 한 요소인 줄 모를 수 있다. 나는 경복궁을 소개하는 다른 어느 책에서도 이러한 모습에 대한 설명을 발견하지 못했는데 향원지를 설명할 때에는 반드시 이것에 대해 언급해야 한다.

우리는 이 같은 모습을 창덕궁의 후원에서도 발견할 수 있다. 연경당과 애련지 사이에도 이런 계단을 만들어 놓았다. 여기서도 계단을 자연스럽고 무심하게 처리해 사람들이 그것이 정원의 한 요소라는 것을 눈치 채지 못한다. 그런가 하면 이 같은 모습을 더 선명하게 볼 수 있는 것이 있다. 신윤복이 그린 '연당야유도'에 바로 이 같은 계단이 나온다. 이 그림은 어떤 고위 관리의 정원에서 파티를 하고 있는 모습을 그리고 있는데 여기에도 연못이 있고 그 뒤에 계단이 있다. 또 계단이 나온 것이다. 이런 것을 통해 보면 연못과 계단은 조선 정원의 장식에서 꽤 흔한 요소인 것을 알 수 있다. 그런데 향원지에 있는 이 계단의 모습이 한국(조선)적이라는 것은 그 모습이 불규칙하고 자연스럽기 때문이다. 만일 일본인이나 중국인이 이런 정원을 만든다면 결코 이렇게 만들지 않을 것이다. 그들은 모두 자로 잰 것처럼 정확하게 비례를 맞추어서 조성할 것이다. 그들의 눈에는 이 정원이 투박하고 만들다 만 것처럼 보일 것이다. 그런데 조선 사람들은 이런 것을 좋아했으니 이것을 두고 조선 특유의 미감각이라고 하는 것이다.

향원지를 설명할 때면 항상 다리에 대한 언급이 나오는데 취향교, 즉 '향기에 취한다'는 이름을 갖고 있는 다리가 그것이다. 그런데 그 원래 위치가 지금 있는 곳이 아니고 건청궁 바로 앞이었다는 것은 잘 알려진 사실이다. 그것은 그쪽으로 가면 금세 알 수 있다. 다리는 당연히 이곳에 있어야 한다. 건천궁에서 나와 향원정으로 가려면 바로 이 앞에서 연못을 건너가야 하기 때문이다. 지금(2020년 1월) 이곳에는 이 다리의 복원공사가 한창이다. 공사가 끝나면 독자들은 다리의 원래 모습을 보게 될 것이다.

최초의 발전기가 설치된 장소 안내석

한국 최초의 전기 발전이 이곳에서 이제 우리는 건천궁으로 가야할 텐데 이 연못을 말할 때 항상 거론되는 것이 있다. 한국사를 통틀어 처음으로 이 연못 주변에서 전기가 만들어졌다는 것이 그것이다. '전기등소(電氣燈所)'로 알려진 곳이 그곳인데 여기에 발전기가 처음으로 설치되었다. 그래서 현재 향원지 북쪽에는 '한국 전기의 발상지'라는 안내석이 있다. 그런데 2015년에 이 발전소 건물의 원래 터가 발견되면서 지금까지 건물의 터로 알려진 곳이 잘못 추정되었다는 것을 알게 되었다.

발전기가 처음으로 설치된 곳은 영훈당이라 불리는 건물로 향원지 남쪽에 위치해 있었다. 이 영훈당은 왕의 편

경복궁 영훈당 터 발굴조사에서 나온 전기등소 전경(문화재청 제공)

전으로 사용되던 흥복전의 부속건물이었다. 정확히 말하면 흥복전과 향원지 사이에 이 영훈당이 있었다. 흥복전은 1917년 이후 창덕궁으로 뜯겨간 이래 소멸 상태에 있었는데 2018년이 되어서야 복원되었다. 영훈당은 아직 복원되지 않고 터만 발굴했는데 그곳에서는 건물의 초석을 비롯해 석탄을 보관하던 창고나 전기 관련 유물들이 출토되어 이곳에 전기 등소가 있었다는 것을 확인할 수 있었다.

바로 이곳에서 1887년 1월에 발전기를 설치하고 전기를 생산했는데 그 규모는 16촉광(燭光)[11]짜리 백열등을 750

11) 1촉광은 양초 1개가 내는 밝기다.

처음으로 전등이 켜진 날. 전기시등도(電氣始燈圖) (한국전력 전기박물관 제공)

개 켤 수 있는 정도였다고 한다. 그리고 공식적으로는 그 해 3월 6일에 건청궁 앞에서 고종과 민황후 등이 보는 가운데 불을 처음으로 밝혔다고 전해진다. 이것은 중국의 자금성에 전기가 들어갔던 해보다 2~3년이 이른 것이라고 하니 조선 정부가 전기에 관한 한 매우 진취적이었다는 것을 알 수 있다. 이렇게 빨리 발전기를 수입했던 것은 잘 알려진 대로 1883년에 미국에 가서 새 세상을 본 사절단의 건의에 따른 것이라고 한다. 이 사절단은 민영익을 포함해 11명으로 구성된 보빙사(報聘使)를 말하는데 이 사절단에 대해서는 많은 이야기 거리가 있지만 이 지면은 그것을 논하는 자리가 아니니 넘어가도록 하자. 이 사절단과 관계해서 내가 잊지 못하는 것은 그 일행들을 찍은 사진과 그들이 당시 미국 대통령에게 절하는 모습을 그린 것으로 알려

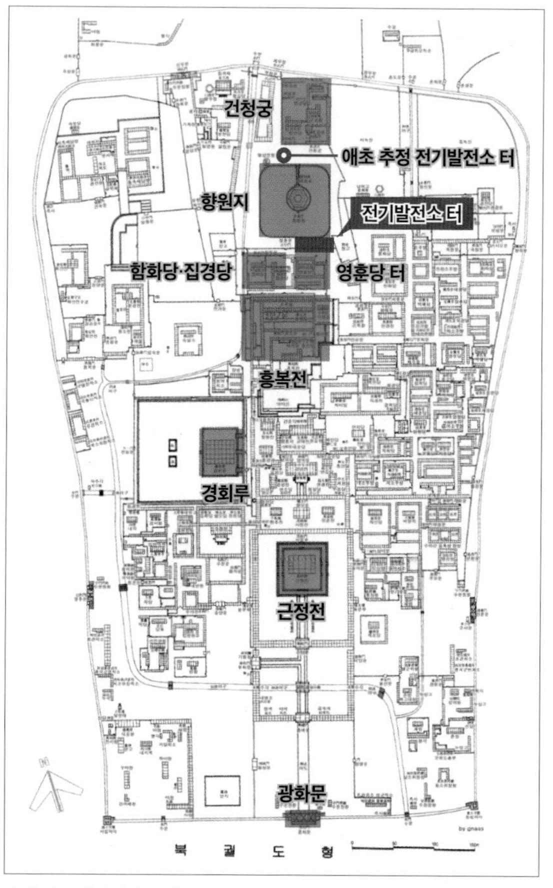

국내 최초 전기발전소 터 위치도 자료 : 국립문화재연구소

건청궁 영역

진 그림이다. 일행을 찍은 사진은 꽤 유명해 금세 검색할 수 있다. 그리고 이들이 절하는 모습은 미국의 언론 매체에 실린 것인데 문 밖에서 미국 대통령에게 큰 절을 올리는 모습이 이채롭다.

이들은 조선에 돌아와서 고종에게 발전기와 전구를 궐내에 설치하자고 건의했다. 일설에는 1882년에 임오군란을 겪은 고종이 밤을 두려워 해 전기 설치를 서둘렀다는 이야기도 있다. 그런데 조선이 이렇게 발전기와 전구를 수용한 것은 에디슨이 전구를 발명한지 8년만의 일이라고 하니 대단한 일이 아닐 수 없다. 전구의 발명은 세계사적인 사건인데 조선이 재빨리 그 사건에 동참한 것이다. 또 일설에는 조선의 왕궁에 전등이 켜졌다는 소식을 들은 에디슨이 '동양의 신비한 왕궁에 내가 발명한 전등이 켜지게 되니 꿈만 같다'라고 일기장에 적었다고 전해진다.[12)]

이 전등과 관련된 이야기는 많다. 향원지의 물을 끌어다 발전기를 식히는 데에 썼기 때문에 전등을 두고 '물불'이라고 불렀다느니, 발전기의 상태가 불안정해 건달꾼처럼 전등이 제멋대로 켜졌다 꺼졌다 해 '건달불'이라 불렀다느니 하는 것 등이 그것이다. 또 발전기에서 나오는 뜨거운

---

12) https://blog.kepco.co.kr/1152 [한국전력 블로그 굿모닝 KEPCO!])

물이 향원지로 들어가 물고기들이 죽는 일이 발생했다고 하는데 그 때문에 이 전등을 증어(蒸漁), 즉 '물고기를 끓였다'는 의미의 이름으로 부른 것도 재미있다. 이렇게 대궐에 전등이 켜졌다는 소식이 전해지자 그것을 보려는 사람들이 대궐로 모여 들었고 심지어는 인왕산에까지 올라가 구경했다고 한다. 이처럼 이 지역에 오면 한국 최초의 전등 이야기로 시간 가는 줄 모른다.

기묘한 장치를 가진 샘 - 열상진원샘 이렇게 향원지와 정자를 보고 건천궁을 보러 가야하는데 이 연못에는 들여다 볼 것이 또 하나 있다. 서북쪽 모서리에 있는 열상진원(洌上眞源)샘이 그것이다. 이것은 백악산에서 내려오는 물을 향원지로 흘려보내는 샘이다. 이 이름의 뜻은 잘 알려진 것처럼 '차고 맑은 물의 근원'이다. 이 이름 가운데 열(洌) 자는 그리 자주 쓰는 글자는 아닌데 뜻은 '물이 맑다, 혹은 차다'이다. 여기서 눈여겨보아야 할 것은 이 샘 밑에 설치된 작은 웅덩이다. 이 웅덩이는 지름이 41cm에 깊이가 15cm라고 하는데 물은 이 웅덩이에서 한 번 직각으로 꺾여 왼쪽 홈 안으로 들어갔다가 다시 한 번 직각으로 꺾여 연못으로 들어간다.

이것은 물이 두 번씩이나 꺾여 연못으로 들어간다는 것

열상진원샘(문화재청 제공)

인데 이렇게 하는 이유에 대해서는 두 가지 설이 있는 듯 하다. 첫 번째는 수온을 올리기 위함이다. 이렇게 물을 내려 보내면 수온이 1~2도 상승한다고 한다. 수온을 올리는 이유는 백악산에서 내려오는 물이 차기 때문이란다. 이 찬 물이 그냥 연못으로 들어가면 연못에 있는 물고기들이 그 차가운 물로 인해 해를 입을 수 있다는 것이다. 그런데 여기서 두 가지 의문이 생긴다.

먼저 과연 이런 작은 장치로 수온을 갑자기 1~2도나 높일 수 있느냐는 것이다. 이런 의문을 품고 어떤 사람이 진짜 온도를 재보았더니 그게 사실이었다고 하면서 자신의 블로그에 올려놓은 것을 본 적이 있다. 그 다음 의문은 물고기들이 과연 1, 2도밖에 나지 않는 수온의 차이에 반응하겠느냐는 것이다. 달리 말하면 원래 물이 그냥 들어와도 수온이 1, 2도 정도 낮은 것에 불과한데 그것 때문에 물고기들이 해를 입겠느냐는 것이다. 그쪽으로 찬물이 들어온다 해도 물고기들이 알아서 그쪽으로는 가지 않을 것 같은데 굳이 이런 장치를 써서 수온을 높일 필요가 있는 것인지 모르겠다. 그리고 찬물이 들어오더라도 양이 많지 않으니 곧 기존의 물과 섞여 온도가 올라갈 텐데 굳이 이 장치가 필요한 것인지 의문이 남는다.

이런 장치를 설치한 두 번째 이유는 물이 강하게 들어오지 않게 하기 위한 것이라고 한다. 만일 이런 장치가 없으면 물이 연못으로 급하게 들어와 물결이 많이 생길 수 있다. 그렇게 되면 그 물결이 연못 전체로 퍼져나가 수면에 잔물결이 생길 것이다. 그럴 경우 수면에 비친 정자의 모습이나 꽃나무들의 모습이 일그러질 수 있다. 이렇게 된다면 정자에 앉아 수면에 비친 경치를 감상할 때 감동이 덜 전해질 수 있다. 따라서 이 장치를 설치해 고요하고 잔잔한 수면을 만들어낸다면 정자나 꽃나무는 물론 하늘이나 구름이 비치는 모습을 뚜렷하게 볼 수 있을 것이다.

정원에서 이런 식으로 경치를 감상하는 기법을 차경기법이라 부르는 것은 잘 알려진 사실이다. 하늘과 구름, 그리고 산, 정자 등의 자연물을 있는 그대로 감상하는 것이 아니라 물에 비친 모습으로 감상하는 것이다. 자연 경치를 빌려와 물이라는 캔버스에 그리는 것이라고도 할 수 있겠다. 내 입장에서 볼 때 위의 장치를 만들어 놓은 것은 기온의 상승을 위한 것이기보다는 이 차경 기법을 실현하기 위한 것 아닐까 한다. 이 정도면 이 샘의 정체를 알게 되었다. 이제 드디어 건청궁으로 들어갈 차례가 되었다.

비운의 역사 현장인 건청궁으로 건청궁에 오면 건물에 대해서는 그다지 할 말이 없다. 이 건물은 2007년에 복원된 새 건물이기 때문이다. 따라서 건물보다는 여기에 얽혀 있는 역사를 중심으로 보는 게 낫겠다는 생각이다. 건청궁은 궁 안의 궁으로서 이것을 건축한 이유에 대해서는 앞에서 이미 언급했다. 이 궁은 고종이 약 10년 동안 대원군의 간섭을 받고 난 뒤 정치적인 자립을 하겠다는 의지를 갖고 만든 상징적인 건물이라고 했다. 이 궁은 1873년, 그러니까 경복궁이 복원되고 6년 뒤에 완성되었다.

그러면 고종은 언제부터 건청궁에서 살았을까? 사람들은 건청궁이 완성되고 곧 고종이 이곳에서 살았을 것으로 생각하나 그것은 사실이 아니다. 1873년에 건청궁이 완성된 뒤에도 고종은 강녕전에서 살았다. 그러다 1876년에 궁

건청궁 정문

에 대화재가 나서 강녕전이나 교태전, 자경전 등이 전소됐다. 따라서 그는 거처를 옮겨야 했다. 그런데 그때에도 고종은 건청궁으로 간 것이 아니라 창덕궁으로 이어(移御)했다. 그곳서 살다가 고종이 다시 경복궁으로 돌아온 것은 갑신정변(1884년)이 실패로 끝난 후인 1885년의 일이었다. 이때부터 그는 건청궁을 거처로 삼게 된다. 건청궁 시대가 시작된 것이다. 그렇게 살다가 그가 1896년에 러시아 공사관으로 피신가면서 건청궁 시대는 마감된다. 그러니까 그는 여기에서 11년 정도의 세월을 산 것이다. 이 기간 동안 그는 많은 일을 겪었다. 전기도 처음으로 도입하고 부인을 잃는 참사도 겪는 등 거주 기간이 짧음에도 불구하고 굵직

건청궁의 사랑채인 장안당

한 사건이 많았다.

건청궁의 특징은 몇 가지로 요약할 수 있는데 우선 경복궁의 가장 내밀한 곳, 즉 북쪽 끝자락에 위치한다는 것이다. 고종은 왜 이런 곳에 자신의 '아지트'를 만든 것일까? 추정컨대 그는 아버지의 품에서 벗어나기를 간절히 원해 기존 공간, 즉 원래의 침전인 강녕전과 거리가 있는 곳에 자신만의 공간을 만든 것 아닐까. 그래서 그런지 처음에 그는 신하들에게도 알리지 않고 조용히 공사를 시작했고 공사비용도 공금이 아니라 왕의 사비로 충당했다고 한다. 그러나 공사가 계속해서 비밀리에 진행될 수는 없었다. 나중에 신하들이 이 사실을 알게 되자 고종은 자신이 지닌 정치적 의도는 숨기고 어진을 봉안할 집을 짓는다고 에둘러 답변했다. 실제로 이 어진은 1875년에 이 궁 안에 있는 관문각[13]에 봉안된다.

장안당 뒤에 있었던 관문각은 지금은 터만 남아 있는데 고종 대에 경복궁에 만들어진 유일한 서양 건물로 알려져 있다. 여기에는 원래 한옥이 있었는데 그것을 헐고 2층짜리 서양식 건물을 지은 것이 이 관문각이다. 러시아인인 사바틴이라는 사람이 설계했다고 하는데 이 건물은 1891년에 완공되었다가 1901년에 철거되었다고 하니 10년밖에 존재하지 않은 건물이다. 그런데 이 건물과 관련해 이런 정보보다 더 주목을 끄는 것은 이 건물에서 찍은 사진이 남아 있다는 것이다. 이 건물의 2층에서 향원지를 내려다보면서 찍은 사진이 있다. 이 사바틴이라는 사람은 우리의 주목을 끈다. 그는 을미사변 때 그 참혹한 현장을 직접 목도한 사람으로 알려져 있다. 나중에 그는 이것을 기록으로 남겨 이 참변이 일본인들의 소행이라는 것을 확인해주었다.

건청궁의 두 번째 특징은 건물이 궁궐 건물이 아니라 일

13) 처음 지었을 때는 관문당이라는 이름으로 불리다가 어진을 봉안하는 해에 관문각으로 이름이 바뀌게 된다.

러시아인 사바틴이 찍은 관문각(장안당 뒤로 보인다)

관문각 터

건청궁의 안채인 곤녕합

반 사대부 집처럼 지어졌다는 것이다. 단청도 없어서 임금이 사는 집처럼 보이지 않는다. 그래서 건청궁에는 사대부 집처럼 사랑채와 안채가 있다. 즉 사랑채에 해당하는 '장안당(長安堂)'과 안채에 해당하는 '곤녕합(坤寧閤)'이 그것이다. 물론 이 이외에도 복수당(福綏堂)과 같은 몇 채의 부속 건물이 있다. 부속 건물들은 왕과 왕후의 시중을 드는 사람들의 거처 등으로 이용되었다. 이 '건청궁'이라는 명칭은 명·청대의 황제들이 살던 침전의 이름에서 따온 것 같고 '곤녕합(坤寧閤)'은 황후의 거처인 곤녕궁에서 딴 것 같다. 이름이 일치하기 때문이다.

이 집이 사대부 집을 본떠 만들었다고 하지만 다른 점도 있다. 사랑채와 안채가 연결되어 있는 것이 그것이다. 사대부 집은 보통 부부유별의 원칙에 따라 사랑채와 안채가 연결되어 있지 않은데 이 집은 그 예를 따르지 않았다. 고종이 자신의 거처를 이렇게 궁궐이 아니라 사대부가의 양식에 따라 건설한 것에 대해서는 설이 있다. 그는 어린 시절을 일반 사대부가에서 지냈기 때문에 그런 집에서 살고 싶었을 것이라는 것이다. 이 점은 일리가 있는 설명이지만 확실한 증거가 있는 것은 아니다.

건청궁과 얽힌 이야기들 곤녕합에서 명성황후의 시해 사건이 일어난 것은 너무나도 잘 알려진 것이라 다시 언급할 필요 없겠다. 1895년에 일어난 이 사건은 을미사변으로 불리는데 러시아로 기울어 있는 명성황후를 제거하지 않으면 조선을 집어먹을 수 없다고 확신한 일본이 정부 차원에서 일으킨 참사였다. 이때 명성황후의 시신이 건청궁 바로 옆에 있는 녹산에서 석유로 불태워지는 등 차마 말로 다할 수 없는 참변을 당했다는 것도 잘 알려져 있다. 이 사변에는 일본인들만 참여한 것이 아니라 명성황후의 러시아 편향 태도에 강한 반감을 갖고 있던 우범선과 같은 조선 관리들도 직간접적으로 관여했다. 이때 이 건물에는 고종은 물론 순종도 같이 있었는데 고종도 온갖 위협을 받았

명성황후 시해에 가담한 일본 낭인들(한성신보사 건물 앞에서 기념 촬영)

지만 순종은 일본인 자객이 칼등으로 내려치는 바람에 기절을 당하는 등 많은 수모를 겪는다. 이 사건 이후로 고종은 일본으로부터 엄중한 감시를 받게 되는데 이 때문에 그는 1년 뒤에 일본인들의 손아귀에서 벗어나고자 아관파천을 단행하게 된다. 한 나라의 왕이 자신의 궁궐을 떠나 러시아라는 다른 나라의 공사관에서 1년 동안이나 업무를 보았다는 것은 참으로 어이 없는 일이지만 그만큼 당시에 고종이 느꼈던 위협과 불안이 컸던 모양이다.

그렇게 고종이 떠나고 난 뒤에 이 건물은 더 이상 주목받지 못하고 방치되었던 것 같다. 그러다 결국 헐리게 되

녹산에 있는 자선당 기단과 주춧돌

는데 그 기간은 1908년에서 1909년 6월 사이로 추정된다. 그 후 그 자리는 계속 비어 있었는데 1930년대에 조선총독부가 이곳에 총독부 미술관을 만든다. 이 건물은 그 뒤에 신생 한국의 국립현대미술관과 국립민속박물관 등으로 활용되다가 1998년에 드디어 철거된다. 그리고 그 자리에 2007년 건천궁이 복원된 것이다. 이제 우리는 이곳을 떠나야 하는데 그 전에 반드시 보아야 할 것이 있다. 건청궁의 동문인 청휘문을 나가면 만날 수 있는 자선당의 기단과 주춧돌이 그것이다. 자선당은 왕세자가 거하던 건물로 동궁의 중심 건물이다. 그런데 이 건물의 기단과 주춧돌이 왜 여기에 있는 것일까? 그 사연이 기구하다.

지금 근정전 옆에 있는 동궁에는 자선당 등 여러 건물이 있는데 이것들은 모두 최근에 새로 지은 것이다. 그러면 원래 건물은 어떻게 된 것일까? 원래 것은 일제가 경복궁을 궤멸시킬 때 사라졌다. 어디로 사라진 것일까? 당시 조선총독부와 매우 돈독한 관계를 갖고 있었던 오쿠라 기하치로라는 사업가가 자선당 건물을 입수해 일본에 있는 자기 집으로 가져간 것이다.[14] 그리고서는 그 건물을 자기 집 정원에 다시 짓고 사설 박물관처럼 사용했다고 한다. 그러다 1923년 관동대지진이 일어났을 때 이 건물은 안타깝게 불타 없어진다. 빈터가 된 그 자리에 오쿠라는 자신의 이름을 딴 오쿠라 호텔을 세웠는데 자선당에서 나온 기단과 주춧돌들은 호텔 정원에 버려 놓았다고 한다. 그 돌들을 1993년 당시 문화재위원을 지내던 김정동 교수가 찾아냈고 오랜 협상 끝에 드디어 1995년에 기증 받는 형식으로 가져온 것이다. 그런데 이 돌들이 불에 너무 상한 상태였기 때문에 자선당을 복원할 때 쓰지 못하고 이 자리에 갖다 놓았다. 동궁의 흔적이 이 궁궐 구석에 그 편린만 남기고 있는 것이다. 이런 자리에 있노라면 일제의 무자비한

14) 나중에 총독부 청사를 지을 때 기반 공사에 이용된 말뚝이 이 오쿠라의 회사에서 공급한 목재로 만들어졌다고 하니 양자의 친밀도를 알 수 있다.

일제 감정기 촬영한 집옥재 배면 창(국립중앙박물관 제공)

일제강점기에 촬영한 집옥재 내부(국립중앙박물관 제공)

정책에 화가 날 만한데 그들이 한국의 문화유산을 훼손한 것이 하나둘이 아니라 이 이야기를 들어도 별 분노가 생기지 않는다.

궁내의 유일한 중국풍 건물, 집옥재 앞에서 이제 이것으로 건청궁 내부의 답사는 끝났다. 사실 이 정도면 경복궁 답사가 다 끝난 셈인데 마지막으로 이 영역에 있는 집옥재(集玉齋) 등의 건물을 보고 답사를 마쳐야 하겠다. 집옥재는 특히 중국풍으로 지은 건축이라 우리의 주목을 끈다. 이 영역은 이전에는 청와대를 지키는 군대(수도방위사령부 예하 부대)가 들어와 있어 일반인들은 접근 자체가 불가능한 지역이었다. 그러나 이 부대가 시 외곽으로 이전하면서 이제는 시민들이 자유롭게 답사할 수 있는 지역이 되었다.

여기에 있는 건물들은 그리 많은 의미를 가진 것들이 아니라 오래 볼 필요는 없다. 집옥재의 '집옥'은 옥 같이 귀한 보배를 모은다는 뜻이다. 이때 보배는 책을 말하는 것일 게다. 이 건물은 원래 여기에 있던 것이 아니었다. 그런데 대부분의 설명을 보면 이 건물은 1881년에 창덕궁에 있는 함녕전의 별당으로 지었던 것인데 고종이 1891년에 이곳으로 옮겨왔다고 전하고 있다. 그런데 함녕전은 덕수궁에 있는 건물로 고종의 침전으로 쓰였던 건물이다. 창덕

집옥재의 중국적인 여러 모습(벽돌 부재, 주춧돌, 용마루 장식 등)

궁에는 이런 건물이 없었는데 왜 모두들 함녕전이 창덕궁에 있다고 하는지 모르겠다. 잘못된 설명이 계속해서 반복되고 있는 것이다. 이 설명이 언제부터 잘못됐는지는 나도 알 수 없다.

이 건물의 용도에 대한 해설들을 보면 항상 이 건물이 고종의 서재와 외국사신의 접견소로 쓰였다고 한다. 그런데 서재로는 쓰인 것 같은데 외국 사신의 접견소로 활용됐는지는 불분명하다. 이에 대해서는 뒤에서 보현당이라는 건물을 설명할 때 다시 언급할 예정이다. 이 건물은 동쪽으로는 협길당(協吉堂)과, 서쪽으로는 팔우정(八隅亭)과 복도로 연결되어 있다. 이 건물을 두고 많은 설명을 할 수 있지만 그 가운데 가장 중요한 것은 이 건물이 경복궁에서 유일하게 중국풍으로 지어졌다는 것이다.

어떤 면이 중국적으로 보이는 것일까? 중국적인 것과 조선적인 것의 차이를 잘 모르는 사람들도 이 건물을 보면 조금 이상하다는 생각을 갖게 될 터인데 왜 이상한지는 파악이 잘 안 될 것이다. 그러다가 이 건물이 중국풍이라고 하면 '그렇구나'라고 하겠지만 무엇을 두고 그렇게 말하는지는 선뜻 잡아내기 힘들지 모른다. 여러 군데에서 중국적인 요소를 발견할 수 있겠지만 가장 두드러지는 것 몇 가지만 보자.

이 건물을 한 눈에 보았을 때 가장 먼저 발견할 수 있는 중국적인 요소는 양 측면과 뒷면을 벽돌로 처리한 것이다. 경복궁 안에 있는 건물 가운데 이렇게 세 면을 벽돌로 처리한 건물은 없다. 조선 건물들은 벽돌을 거의 쓰지 않았기 때문이다. 조선에서는 건물을 지을 때 18세기 이후에 들어와서야 극히 부분적인 데에만 벽돌을 썼다. 그에 비해 이 건물은 세 면을 벽돌로 마감했으니 기존의 틀을 깬 것이다. 중국에서는 전통 건물을 지을 때에 부재로 벽돌을 많이 사용했다. 이 건물은 중국의 이러한 양식을 받아들인 것이다.

그 다음으로 보이는 중국적인 요소는 용마루나 지붕 라인을 직선으로 처리한 것이다. 잘 알려진 것처럼 한옥은 지붕의 처마나 용마루를 유려한 곡선으로 처리하는 경우가 많다. 그것은 이 집옥재 옆에 있는 두 건물과 비교해보면 금세 알 수 있다. 양 옆에 있는 팔우당과 협길당은 정통 한옥으로 지붕의 선들이 직선이 아닌 곡선으로 되어 있지 않은가? 그런데 이 집옥재에 대한 일반 설명들을 보면 이런 것은 지적하지 않고 중국적인 요소로 용마루 끝에 용처럼 생긴 장식을 올려놓은 것을 든다. 이것도 중국적인 것이 틀림없지만 그리 결정적인 것은 아니다. 이보다는 지금 언급한 것처럼 지붕의 라인을 가지고 중국풍이라고 설명하는 것이 더 설득력이 있다.

이런 것들은 멀리서 보았을 때 한 눈에 보이는 중국적인 특징이고 가까이 가서 보면 중국풍으로 보이는 것을 또 발견할 수 있다. 바로 주춧돌이다. 이 건물에 쓰인 주춧돌들은 마치 항아리처럼 생겼는데 그 위에 기둥을 세워 놓았다. 이런 주춧돌은 한국의 전통 건축에서는 거의 발견할 수 없지만 중국에는 비일비재하다. 중국에 답사 갔을 때 전통 건물에서 이런 주춧돌을 숱하게 보았기 때문에 집옥재에서도 이 주춧돌이 중국식이라는 것을 금세 알아차릴 수 있었다. 현판의 글씨는 어떤가? 이 글씨는 중국 송 대의 명필인 미불(米芾)이 쓴 것을 집자(集字), 그러니까 그의 글씨에서 뽑아온 것을 가지고 조합한 것이라고 한다. 이렇게 중국인의 글씨를 가져다 쓴 것은 이 건물이 중국풍으로 지어졌다는 것을 강조하기 위함이었을 것 같다. 그 외에도 단청이라든가 내부에 있는 여러 문양에서도 중국풍이 느껴지는데 세세한 것에 대해서는 번거로워 설명을 생략한다.

이 건물에 대한 기존의 설명들을 보면 이처럼 외적인 데에 치우친 것들이 많은데 내가 궁금한 것은 그런 것이 아니다. 내가 가장 궁금한 것은 고종이 왜 이 건물을 중국풍으로 지었느냐는 것이다. 여기에는 분명히 상징적인 이유

일제강점기에 촬영한 팔우정(국립중앙박물관 제공)

가 있을 것으로 생각되는데 이것을 알려면 고종이 이 건물을 지을 때 어떤 상황에 처했는지 살펴보아야 한다. 그래서 '실록'이나 '일기'를 검색해보니 이에 대한 자세한 설명은 어느 것에서도 발견되지 않았다. 실록은 1891년에 창덕궁에 있던 이 건물을 고종이 경복궁으로 옮겨 지으라고 했다고 기술할 뿐 더 이상의 설명이 없었다. 이 때문에 지금까지 이 건물을 중국풍으로 지은 이유에 대한 설명이 없었던 모양이다. 건물을 볼 때 진짜 중요한 것은 건물이 맞배지붕이니 몇 칸으로 되어 있다느니 하는 것이 아니라 그

팔우정

건물에 얽힌 사람들의 생각과 의도를 읽어내는 것이다. 그런 시각에서 보면 이 건물을 대했을 때 가장 중요한 것은 고종이 왜 이 건물을 중국풍으로 지었는가에 대한 것이 될 것이다. 앞으로 건물들을 볼 때 이런 관점에서 접근해야 하는데 시중에 횡행하는 일반적인 설명을 보면 그런 유의 것이 별로 없다.

고종이 생활하던 팔우정, 집옥재, 협길당

집옥재 주변을 돌아보며 집옥재는 그 정도 보고 바로 옆에 있는 팔우정(八隅亭)을 보자. 이 건물은 말 그대로 팔각으로 된 정자다. 쓰임새는 당연히 정자 역할이었을 것이다. 이렇게 보면 여기에 있는 이 세 동의 건물은 나름대로 역할 분담을 하고 있는 것을 알 수 있다. 즉 고종은 일반적인 사회 활동은 집옥재에서 하고 잠이나 휴식은 그 옆에 있는 협길당[15]에서 취했을 것이다. 그리고 좋은 경치와 함께 차를 마시면서 한담을 하는 것은 바로 이 팔우정에서 했을 것이다. 그렇게 보면 이 세 건물이 아주 좋은 조합을

15) 협길은 '함께 복을 누리다'는 뜻이다.

이루고 있는 것을 알 수 있다. 건축적으로 볼 때 이 팔우정의 특징은 유리창이 있다는 것이다. 팔우정뿐만 아니라 집옥재와 그 사이에 있는 통로격인 건물에도 유리창이 설치되어 있다. 사람들은 그게 요즘 설치한 것으로 오해하는 경우가 있는데 원래부터 그렇게 되어 있었다고 한다. 당시로서는 최첨단의 부재를 사용한 것이다. 이러한 요소 역시 고종의 개혁 의지를 나타낸다고 보는 설도 있다.

이 정도면 집옥재 영역도 설명이 다 된 것 같은데 여기서 설명을 하지 않은 협길당은 전형적인 한옥 형 건물이라 그다지 설명이 필요 없겠다. 여기를 떠나기 전에 또 드는 궁금증이 있다. 집옥재는 보는 바와 같이 그 앞마당이 텅 비어 있다. 그러나 궁궐에는 이렇게 비어 있는 공간이 있을 수 없다. 그래서 자료를 찾아보니 이곳에는 보현당이라는 건물이 있었다. 이 건물은 고종이 대한제국을 선포한 뒤 덕수궁으로 이전했다는 설이 있는데 건물은 없어졌지만 현판은 국립고궁박물관에 보존되어 있다. 이 건물의 정체가 궁금해 한 번 실록에서 이 보현당을 찾아보았더니 고종은 바로 이 집에서 외국의 외교관들을 접견한 것으로 기록되어 있었다. 그에 비해 집옥재에서는 이 같은 일을 한 것이 전혀 기록으로 나와 있지 않았다. 그런데 기존의 설명들을 보면 모두 하나같이 집옥재에서 고종의 외국의 외교관들을 접견했다고 주장하고 있다. 그러나 만일 실록의 설명이 맞는다면 고종이 집옥재에서 외국 외교관을 접견했다는 정보는 수정되어야 한다. 따라서 더 이상 이런 설명을 하지 말아야 한다. 추정컨대 이전에 어떤 전문가가 이 같은 잘못된 정보를 처음으로 전했던 모양이다. 그런데 뒷사람들은 그것을 확인해보지 않고 그냥 따랐기 때문에 이런 일이 생긴 것 같다. 이런 실수를 나도 저지를까 두려운데 앞으로 더 조심해야겠다는 생각이다.

이때 고종이 접견한 외교관들을 보니 일본인이나 미국인들이 포함되어 있는데 우리에게 아주 친숙한 프랑스의 초대(대리)공사인 플랑시도 있었다. 1891년 5월에 고종은 플랑시를 이 보현당에서 접견한 것이다. 플랑시는 잘 알려진 것처럼 현존하는 금속활자인쇄본 가운데 가장 오래된 우리의 『직지』를 구입해 프랑스로 가져간 사람이다. 그의 덕분에 비록 현물은 타국에 있지만 한국은 최고(最古)의 금속활자 인쇄본을 배출한 국가가 되었다. 이 점에서 우리는 그에게 크게 감사해야 할 것이다. 그런데 그의 부인 역시 한국인이었으니 그와 한국의 인연은 깊은 것이라 하겠다. 그는 아마도 한국인과 결혼한 최초의 프랑스인으로 남지 않을까 한다.

답사를 정리하며

이제 경복궁 답사는 막바지에 다다랐는데 아직 보지 못한 곳이 많다. 그런 곳을 다 다니려면 시간이 너무 걸린다. 답사는 보통 2시간 내지 2시간 반 정도로 끝내는 게 제일 좋다. 그 이상이 되면 힘들어 다니지 못한다. 만일 경복궁을 샅샅이 다닐라치면 너덧 시간도 부족하다. 그리고 그렇게 뒤지는 것은 좋은 답사법이 아니다. 이 책에 나온 것처럼 주요 핵심부를 짧은 시간 안에 주파하는 게 답사의 왕도라 할 수 있다. 우리도 이렇게 건청궁 영역까지 오면 슬슬 경복궁 답사를 접어야 한다. 이제 궁을 빠져 나가야 하는데 서서히 나갈 채비를 하면서 보지 못했던 건물들을 스쳐 지나가면 되겠다는 생각이다.

사실 여기까지 오면 바로 옆에 있는 신무문 쪽으로 가야 한다. 집옥재 영역 서편에 있는 광림문을 나가면 바로 신무문이 나온다. 경복궁의 북문인 신무문 역시 대원군이 경복궁을 중건할 때 만든 것이다. 이 문 자체에 대해서는 별다른 언급을 하지 않겠다. 이 문이 북문이기 때문에 북쪽의 음기가 문으로 들어오는 것을 막기 위해 평소에는 닫아 놓았다는 등 여러 이야기가 있는데 이런 것에 대해서는 말하지 않겠다는 것이다. 대신 이 문에 얽힌 역사적 이야기만 잠깐 언급하고 가자.

이 문은 1896년에 고종이 아관파천을 단행할 때 이 문을 통해 나갔기 때문에 유명해졌다. 고종은 당시 세자와 함께 각각 엄비의 가마와 궁녀의 가마에 나누어 타고 탈출을 감행해 성공했다. 당시 을미사변 이후 엄중했던 일본의 감시의 눈을 피해 극적으로 러시아 공사관으로 탈출한 것이다. 이 사건에 대해서는 많은 에피소드가 있다. 특히 엄비가 감시의 눈을 따돌리기 위해 여러 가지 묘수를 쓴 것은 유명한 일이다. 문지기들을 돈으로 매수해 감시를 소홀하게 만든 다음 나중에 고종이 그녀의 가마를 타고 나갈 때 무사통과한 것은 그 에피소드의 하이라이트다.

이 문은 1961년 5·16 군사 쿠데타 이후 이 영역에 군대가 주둔하면서 다시 폐쇄되었다. 그러다가 군부대는 이전했고 2006년 노무현 대통령 시절에 개방하여 지금에 이르고 있다. 내가 이 문 쪽으로 가자고 한 것은 문을 보자는 것이 아니라 이 문을 나서면 청와대 본관이 보이기 때문이다. 이 건물이 이렇게 직격으로 보이는 데는 여기밖에 없기 때문에 이리로 오자고 한 것이다. 청와대 본관을 보자고 한 것은 조금 엉뚱하다. 이 건물이 얼마나 전통적인 건축 원리에 어긋나게 건축되었는지를 보기 위함이니 말이다. 이에 대해서는 앞에서 이미 설명했다. 옛사람들은 이렇게 산에 붙게, 그리고 정중앙에 건물을 짓지 않았다. 이렇게 건물을 지은 것은 뒤에 있는 산과 한 번 을러보겠다는 심산으로 읽힌다. 한 마디로 말해 인간이 산을 치받은 것이다. 건물을 이렇게 지어 놓았으니 이 건물에서 일했던 사람들의 인생이 좋게 전개될 리가 없을 것이라는, 별 근거가 없는 생각도 해본다. 별 근거가 없다고 한 것은 이런 생각이 비과학적이라 그런 것인데 그럼에도 불구하고 심정적으로는 맞을 것이라는 생각이 든다.

좌우간 집을 지을 때에는 청와대 본관처럼 지으면 안 된다. 건물도 건물이지만 대문도 이상하다. 전체적으로 졸렬한데다가 알게모르게 일본 냄새가 난다. 도대체 누가 저런 대문을 만들었는지 알 수 없다. 대통령 집무실로 들어가는 대문은 그 나라의 전통과 역사가 상징적으로 함축되어 있어야 하는데 그런 모습이 전혀 보이지 않는다. 하기야 청와대는 본관을 비롯해 다른 건물들도 몰문화적으로 지은 것은 마찬가지라 이 문만 가지고 무어라 말할 필요는 없겠다. 우리는 언제가 되어야 이런 것들을 제대로 만들 수 있는 문화적인 대통령을 만날 수 있을지 난감하기만 하다.

그렇게 푸념만 말고 다시 경복궁 안으로 들어오자. 표를 보여주면 다시 들어올 수 있다. 집옥재 영역에서 조금 내려오면 장독을 보관하고 있는 장고(醬庫)가 나오는데 그곳

슬기롭지 못하게 지은 청와대 본관

서 오른쪽으로 틀어 조금만 더 가면 태원전 영역이 나온다. 사실 답사가 길어져 조금 힘들어지면 이곳에는 잘 가지 않게 된다. 또 가봐야 2006년에 복원된 건물들만 있으니 이 건물들을 보러 갈 이유가 없는 것이다. 원래 있던 건물들은 일제가 죄다 허물어버려 그 흔적을 일절 찾을 수 없다. 원래 이곳에는 이성계의 어진을 모셨다고 하는데 고종대로 오면 타계한 왕의 관을 안치하는 건물로 이용되었다고 한다. 이른바 빈전(殯殿)이다. 그 외에 위패를 모시는 혼전으로 이용된 건물도 있다고 하는데 이런 설명들은 번쇄해 그다지 우리의 주위를 끌지 못한다.

내가 이 지역에 가는 이유는 다른 데에 있다. 수년 전 나는 땅의 기운, 즉 지기에 밝은 분과 교유(交遊)한 적이 있다. 그때 그는 경복궁이 명당이라 전체적으로 지기가 좋지만 그 중에서도 이 태원전 영역의 지기가 제일 좋다고 주장했다. 그래서 나와 동료들은 공연히 태원전 안에 들어와서 지기를 느껴보겠다고 어슬렁거렸는데 물론 둔하기 짝이 없는 나는 아무 것도 느낄 수 없었다. 그렇지만 자꾸 미련이 생겨 혹시 무엇이라도 느낄 수 있지 않을까 해서 경복궁 답사하다 여력이 있으면 태원전 영역으로 넘어가곤 했다. 최근(2019년 11월 20일 경)에 다시 갔더니 지기(地氣)는커녕 청와대 바로 앞에서 시위하는 사람들의 노랫소리만 크게 들려 발길을 돌렸다. 시위대들이 개신교인이었던지 수십 분 동안 찬송가를 스피커를 통해 질러대는데 너무 시끄러워 총총 그곳을 빠져 나올 수밖에 없었다.

그곳에서 경회루 동쪽 옆길을 따라 걷자. 그러다 근정전 영역으로 들어가 동쪽으로 가면 동궁이 나온다. 여기 있는 건물들도 새로 복원된 것이라 주의 깊게 볼 필요 없다. 내가 이곳에 오는 이유는 경복궁에서 유일하게 변소가 복원되어 있기 때문이다. 자선당을 바라보고 오른쪽에 변소(측소)가 있는데 이 변소와 관련해 궁궐의 화장실 문화에 대해 많은 궁금증이 생긴다. 이 변소는 왕세자가 사용했던 것은 아니고 이곳에서 근무하던 사람들이 쓰던 것이다. 경

경복궁에 유일하게 복원된 변소(자선당 앞에 위치)

복궁 홈페이지에 따르면 당시 이 궁 안에는 41개소 70칸에 달하는 변소가 있던 것으로 추정된다고 한다. 왕을 비롯한 그의 가족들은 우리가 잘 아는 것처럼 '매우(화)틀'이라 불리는 이동식 변기를 사용했다. 그곳에 가보니 마침 변소가 열려 있어 안을 볼 수 있었다. 내가 어릴 때 사용하던 원시적인 변소 그대로다. 이것까지 보면 이제 경복궁 답사는 정말로 끝난 것이 된다. 우리는 다시 근정전 영역으로 가서 궁을 빠져 나오자.

마치는 말

나는 처음에는 경복궁을 그다지 높이 평가하지 않았다. 이유는 말한 대로다. 경복궁이 너무 많이 손상되었기 때문이다. 동편 주차장을 비롯해서 서쪽의 고궁 박물관, 또 그 옆에 있는 작업장 등 궁안에 있어서는 안 될 것이 너무 많다. 그런데 경복궁에 대해 본격적으로 공부해보고 수십 번을 답사해보니 이 궁이 범상치 않은 궁이라는 것을 절감할 수 있었다.

경복궁이 무엇보다 좋은 것은 본문에서 누누이 밝혔지만 건물들이 주위의 자연과 아름답게 어우러지는 것이다. 궁 어디를 걸어도 주위에 있는 산과 중첩 되어 항상 아름다운 광경이 연출된다. 그래서 곳곳에서 아름다운 장면을 발견할 수 있었다. 지금도 경복궁을 생각하면 아름다운 장면들이 금세 떠오른다. 굳이 창덕궁과 비교해본다면 창덕궁은 아예 자연 속에 있을 뿐 주위의 자연과 어우러지는 그런 모습은 별로 없다. 후원도 그렇다. 이 정원은 물론 말할 나위 없지 좋지만 그냥 숲 속을 걷는 것 같은 느낌을 많이 받을 뿐이다. 건물이 적어 인간의 체취는 별로 느끼지 못하는 것이다. 그러니까 이곳에서는 인간보다는 자연을 느끼는 것이다. 그래서 그런지 후원을 다 보고 나오면 조금 '허방'한 느낌을 받는다. 그저 숲길을 산책하고 나온 것 같기 때문이다. 이에 비해 경복궁은 인간의 정교한 터치와 자연이 같이 어울려 감동을 준다. 인위적인 것과 자연을 동시에 즐겼기 때문이다.

게다가 창덕궁 후원은 아무 때나 들어갈 수도 없다. 사전 예약을 하지 않으면 들어가는 일이 쉽지 않다. 그러나 이런 제도도 장점이 있다. 사람들을 많이 받지 않기 때문에 호젓하게 후원을 즐길 수 있기 때문이다. 그에 비해 경복궁은 접근성이 매우 뛰어나다. 아무 때나 갈 수 있기 때문이다. 교통도 편하다. 그런 까닭에 사람들이 너무 많이 몰려온다. 특히 외국 관광객들, 그것도 한복을 입은 관광객들이 많아 궁 안이 시끄럽기 이를 데 없다. 그런 점이 약점이기는 하지만 나는 관광객들이 가지 않는 지역 가운데 아름다운 곳을 많기 알기 때문에 이들로부터 그다지 영향 받지 않는다. 팁으로 한 마디 더 하면 경복궁을 비교적 한가하게 즐기려면 궁을 닫기 1 시간 전쯤에 가는 게 제일 좋다. 그러면 사람들이 빠져나가 궁이 조금 한산해진다. 특히 사람이 없을 때 근정전을 찍고 싶다면 끝나는 시간이 다 되었을 때 가야 한다.

근정전 이야기가 나와서 말인데 이 건물 역시 우리에게 경복궁을 가게 만드는 큰 이유를 제공하는 건물이다. 왜냐

하면 이 건물이야말로 전통 건물 가운데 가장 훌륭한 건물이기 때문이다. 그 생김새가 준수하기 짝이 없다. 이것과 비교하면 창덕궁의 인정전은 아무래도 조금 떨어진다. 인정전의 경우는 뒤에 바로 숲이 있어 조금 답답한 느낌을 준다. 그에 비해 근정전은 시원하기 짝이 없다. 조선의 궁궐에 있는 정전 가운데 이 근정전은 단연 빼어나다. 이처럼 경복궁에 가면 건물마다 이야기가 많다. 역사와 문화가 한없이 서려 있다. 경복궁은 이리 보아도 저리 보아도 명궁임에 틀림없다.

최준식 교수의 서울문화지 V

경복궁 이야기

지은이 | 최준식

펴낸이 | 최병식

펴낸날 | 2020년 5월 11일

펴낸곳 | 주류성출판사

주소 | 서울특별시 서초구 강남대로 435(서초동 1305-5) 주류성빌딩 15층

전화 | 02-3481-1024(대표전화)　팩스 | 02-3482-0656

홈페이지 | www.juluesung.co.kr

값 12,000원

잘못된 책은 교환해 드립니다.

이 책은 아모레퍼시픽의 아리따글꼴을 일부 사용하여 디자인 되었습니다.

ISBN 978-89-6246-418-4 04980

ISBN 978-89-6246-344-6 04980(세트)

우리는 경복궁을 잘 안다고 생각할 뿐만 아니라 심지어는 별 볼 게 없다고 여기는 경우도 있다. 필자도 경복궁을 면밀하게 연구하기 전까지는 그런 생각이었다. 그러나 오랫동안 경복궁을 접해 보니 경복궁은 역시 조선의 정궁다웠다. 조선의 유구한 문화와 역사가 깃들어 있기 때문이다.

경복궁에는 무엇보다도 아름다운 곳이 많다. 나는 평소에 조선의 궁궐 가운데 아름다운 궁은 창덕궁뿐이라고 생각했다. 그러나 그것은 오해였다. 창덕궁도 아름답다. 특히 후원은 남다른 데가 있다. 그러나 경복궁은 다른 어떤 궁도 갖지 못한 대단한 요소를 갖고 있다. 그것은 다름 아닌 경복궁을 둘러싸고 있는 자연이다. 경복궁은 이 자연 때문에 경광이 빼어난 궁이 되고 말았다.

이 책은 경복궁에 대한 간편한 안내서다. 경복궁을 제대로 보고 싶은 사람이나 외국인에게 소개하고 싶은 사람들에게 이 책은 유용한 정보를 제공해줄 것이다. 특히 이 책은 경복궁의 각 건물에서 무엇을 어떻게 보아야 하는지를 친절하게 설명해주고 있고 지금까지 잘못 전해지고 있는 오류도 지적하고 있다.

값 12,000원

ISBN 978-89-6246-418-4 04980
ISBN 978-89-6246-344-6 04980 (세트)